프리아 칸

닉 펜

개선문

타 케우

동 바라이

승자의 문

타 프롬

반티아이 그데이

스라 스랑

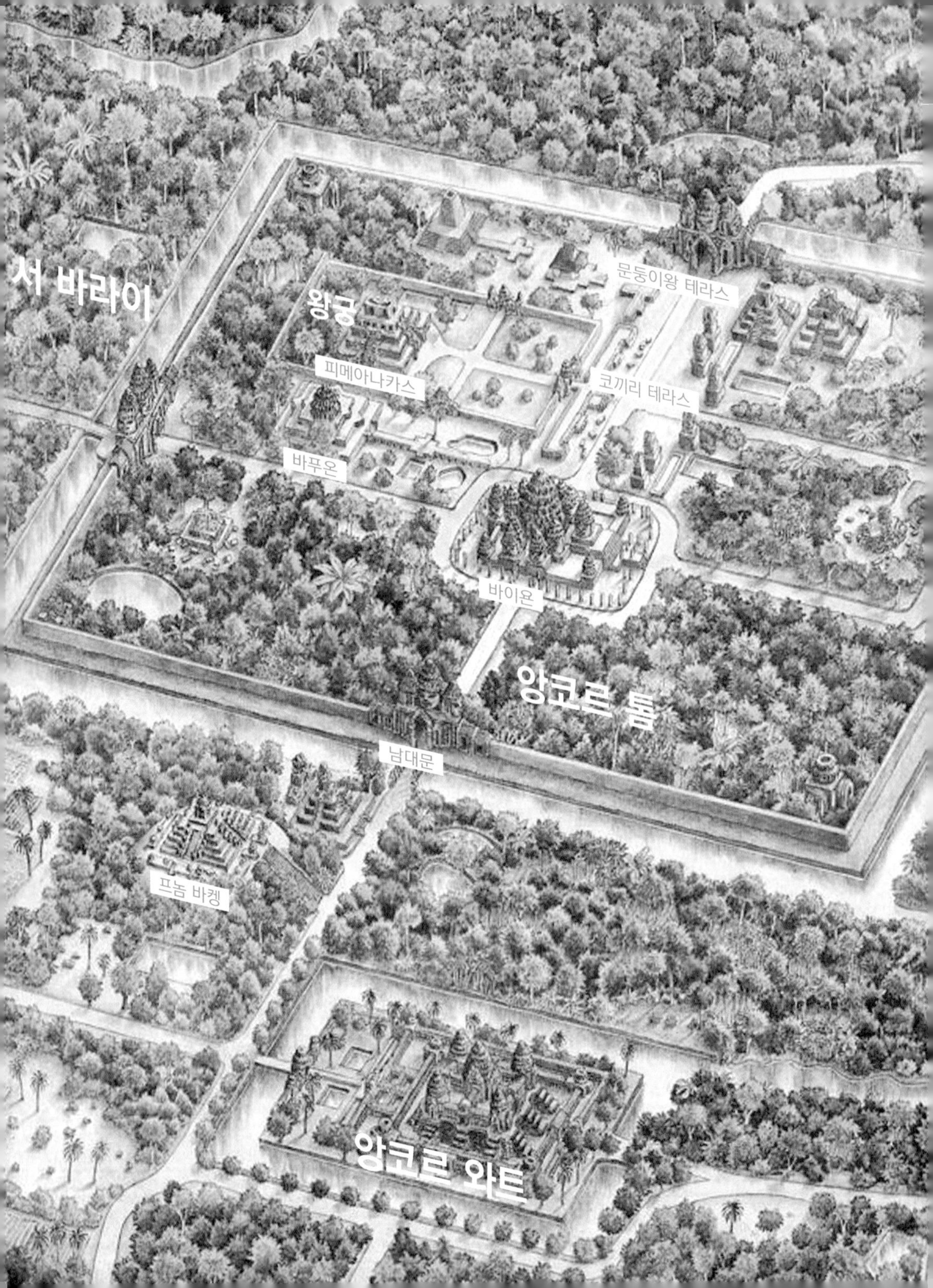

서 바라이

왕궁

문둥이왕 테라스

피메아나카스

코끼리 테라스

바푸온

바이욘

앙코르 톰

남대문

프놈 바켕

앙코르 와트

앙코르 와트의 신비

앙코르 와트의 신비

글·사진 이태원

기파랑

들어가는 말

중국의 만리장성이나 이집트의 대피라미드만큼 우리에게 알려져 있는 캄보디아의 신비의 유적 앙코르 와트. 이 유적은 인도네시아의 보로부두르와 미얀마의 바간과 함께 세계 3대 불교 유적의 하나다. 그렇지만 원래 앙코르 와트는 힌두교의 가람으로 건립했다가 15세기에 불교의 가람으로 바뀐 유적이다. 그러기 때문에 앙코르 와트는 가람의 기본구조나 건축양식이나 장식이 모두 힌두교의 우주관이 바탕이 돼있다. 이 가람 유적은 힌두신화에 등장하는 우주와 하늘의 궁전을 축소·형상화하여 지상에 재현해놓은 것이다.

앙코르 유적이 밀집해 있는 앙코르는 9세기부터 15세기까지 인도차이나 반도를 지배한 앙코르 왕국의 왕도^{王都}였다. 서울의 절반 가까이 되는 대평원에 앙코르 와트만 있는 것이 아니다. '동양의 그리스 문명'이라고 일컫는 크메르 문명이 낳은 힌두교와 불교의 가람 유적이 군집해 있는 세계최대 규모의 종교 건축물 유적군^{遺蹟群}이다. 자그마치 그 수가 1천 개 가까이 된다. 그중 세계문화유산을 포함한 주요 유적만도 99개나 된다. 앙코르 유적의 대명사처럼 돼있는 앙코르 와트도 그중의 하나다.

캄보디아는 내전으로 오랫동안 닫혀 있었다. 그러기 때문에 그동안 앙코르 유적은 가고 싶어도 갈 수 없었다. 1990년대 초에 내전이 끝나고 캄보디아가 개방되면서 비로소 볼 수 있게 된 동양의 마지막 비경秘境이다.

지금은 매년 지구촌 곳곳에서 수백만 명의 외국인 관광객이 찾는다. 최근 한국인 관광객도 급격히 늘고 있다. 대부분이 앙코르와트를 불교 유적으로 알고 찾고 있다.

앙코르 유적은 최소한 2주는 보아야할 관광지다. 그런 방대한 유적을 3-4일에 보는 것 자체가 무리다. 그러기 때문에 앙코르 여행에는 유적에 대한 충분한 예비지식, 그것도 생소한 종교인 힌두교와 힌두신화를 어느 정도 알고 여행을 하는 것이 바람직하다.

그래야만 아름다운 석조건축물과 그 속에 힌두신화를 새겨 놓은 벽화를 보는 보람 있는 여행이 될 것이다. 그렇지 않으면 비슷비슷한 돌로 만든 가람만 보다 돌아오는 여행이 되고 만다.

내가 처음으로 앙코르 유적을 찾은 것은 2004년이었다. 그 후 자료를 보충하고 사진을 찍기 위해 두 번을 더 다녀왔다. 처음에는 베트남의 호치민을 경유해서 앙코르로 갔다. 지금은 인천에서 앙코르까지 직행하는 항공편이 있어 매우 편리하게 다녀올 수 있다.

　이미 발간한 『이집트의 유혹』(2009), 『몽골의 향수』(2011), 『터키의 매혹』(2013)에 이어 발간하는 『앙코르의 신비』는 저자가 여행하면서 느낀 감동을 담은 기행문이 아니다. 앙코르 유적을 여행하려는 분들에게 여행에 도움이 되도록 그동안에 모아둔 자료와 몇 번에 걸쳐 다녀온 경험을 바탕으로 앙코르 유적의 객관적 사실과 그 내력만을 정리하여 소개한 새로운 스타일의 여행 안내서다. 여행에서 무엇을 느꼈고 어떤 감동을 받았는지는 여행자 각자의 몫이다.

　이 책은 이제부터 앙코르 유적을 여행하려는 분들에게 도움이 되도록 주요 유적들을 소개했다. 아울러 앙코르 유적의 기초가 되는 힌두교와 힌두신화를 알기 쉽게 간추려서 유적을 이해하는데 도움이 되도록 하고 글과 관련된 사진을 많이 실어 보다 이해하기 쉽게 했다.

　앙코르 유적을 여행하는데 이 책이 더욱 보람 있는 여행이 되도록 좋은 길잡이가 돼줄 것이다. 그리고 앙코르를 다녀 온 분들에게는 좋은 추억을 되살려줄 것으로 믿는다.

2015년 12월 초겨울에
화운(禾耘) 이태원(李泰元)

CAMBODIA

신비의 나라 캄보디아

앙코르 와트와 외국 관광객들

앙코르 유적의 나라 캄보디아

01

동남아의 마지막 비경 – 앙코르 유적

동남아 인도차이나 반도 서남부의 톤레삽 호수 연안에 앙코르 유적으로 유명한 신비의 나라 캄보디아가 자리한다. 정식 나라 이름은 프리아 레아체아나차크르 캄푸치아^{Preăh Réachéa-nachâkr Kâmpŭchea}, 영어로 캄보디아 왕국^{The Kingdom of Cambodia}이다. 캄푸치아는 '신의 자손'이라는 뜻이다. 캄푸치아를 식민 지배한 프랑스가 캄보쥬^{Cambodge}라고 부른 것이 영어화되면서 '캄보디아'가 됐다. 불교가 국교이며 연꽃이 나라꽃이다.

라오스, 베트남, 태국과 국경을 맞대고 있는 캄보디아는 국토면적이 18만㎢로 한반도의 80%에 인구 약 1천5백만 명의 작은 나라다. 남부에 메콩, 톤레삽, 바사크의 세 강이 마주치는 지점에 있는 프놈펜^{Phnom Penh}이 수도이다.

태국, 라오스, 베트남과
국경을 맞대고 있는 캄보디아

메콩 강 유역의 대평원

캄보디아는 국토의 대부분이 해발 100m 이하의 낮은 대평원이다. 동부의 베트남과 북부의 태국 국경지대만 고원과 산악지대로 원시림이 무성하다. 국토의 4분의 3이 숲으로 덮여 있다. 히말라야 Himalaya 1)에서 발원한 세계에서 12번째로 긴 메콩 강Mekong River(4,350km)이 국토를 관통하여 북에서 남으로 흐른다. 그 중류에 동남아에서 가장 큰 호수 톤레삽Tonle Sap Lake과 그 북쪽연안의 밀림 속에 앙코르 유적이 자리한다.

메콩 강과 톤레삽 호수 유역의 대평야가 곡창지대다. 캄보디아는

---

1) 눈(히)의 성(아라야)이라는 뜻. 힌두교 신화에서 신들과 천녀 압사라들이 살고 있는 산.

태풍도 지진도 없으며 작은 노력만으로 의식주를 해결할 수 있는
천혜의 자연환경을 갖춘 나라다.

　기후는 고온에 습기가 많은 열대몬순기후다. 연평균기온이 섭씨
27도, 가장 더울 때 섭씨 40도를 넘는다. 5월~10월이 우기, 11월~4
월이 건기다. 우기에는 우리나라의 장마처럼 비가 계속 오는 것이
아니고 매일 오후에 스콜이라고 불리는 소나기가 한 두 시간 퍼붓
는다. 건기에는 비가 한 방울도 오지 않는다. 그래서 캄보디아 여행
은 비도 오지 않고 덥지도 않은 11월부터 3월 말까지가 가장 좋다.

　인구의 90%가 옛 크메르인의 후예인 캄보디아인이며 주로 농업
에 종사한다. 소수민족으로 이슬람교를 신앙하는 참족^{Chams}, 상업
에 종사하는 중국인, 어업에 종사하는 베트남인, 화전민^{火田民}인 고

바이욘에서 만난
동자승들

산족이 있다. 공식 언어는 크메르어, 문자는 산스크리트어[2]를 간소
화하여 만든 크메르 문자를 사용한다. 15세기 이전의 앙코르 왕국
시대에는 힌두교[Hinduism 3)], 그 이후는 지금까지 소승불교가 국교다.
헌법상으로는 종교의 자유가 보장돼있다. 캄보디아인은 불교 외에
민간신앙 네악타[Neakta]를 신앙한다. 우리나라의 서낭당처럼 네악타
는 토지의 수호신을 신앙하는 캄보디아의 토착종교다.

2) 고대 인도의 언어. 범어(梵語).
3) 인도의 민족종교, 고대 인도의 바라문교가 전신임.

캄보디아의 문화

캄보디아인은 도시에서는 서구식 옷을 입는다. 농촌에서는 지금 도 여성은 전통 옷인 통치마 삼포트^{Sampot}에 흰 블라우스, 남성은 무릎까지 내려오는 치마 같은 사롱^{Sarong}을 즐겨 입는다. 머리에는 바둑판무늬의 면이나 비단으로 만든 햇볕가리개 크라마^{Krama}를 두른다.

농촌은 나무기둥 위에 대나무로 벽을 두르고 야자 잎으로 지붕을 덮은 원두막 같은 집이나 강가의 물위에 지은 집에서 산다. 이러한 집은 해충이나 뱀을 막아주는 특징이 있다.

캄보디아의 고전무용
압사라 춤
-세계 무형 문화유산

세계문화유산으로 앙코르 유적 외에 프리아 비히어 가람^Preah Vihear Temple4)이 있고 세계무형문화유산으로는 고전무용 압사라 춤 ^Apsara Dance과 크메르 그림자 인형극 스백 톰^Sbek Thom이 있다.

캄보디아의 경제·산업

캄보디아는 농업국이다. 국토의 약 30%가 농지로 한해에 삼모작을 할 수 있는 물논이다. 주요 산업은 농업, 어업, 임업이고 최근에 관

---

4) 11세기에 앙코르 왕국이 건립한 태국과의 국경 근처에 있는 힌두교 가람 유적.

농촌의 원두막식
전통 가옥

광산업과 봉제업이 크게 성장하고 있다. 천연자원으로는 목재, 천연고무, 망강, 보석, 인산염 등이 있다. 천연고무, 목재, 의류가 주요 수출품이다.

경제는 1993년에 계획경제에서 시장경제로 전환한 후 착실히 성장하고 있다. 최근 10년 동안 연평균 경제성장율이 7% 전후를 기록하고 있다. 1인당 국민소득은 빠르게 증가하고 있으나 아직도 주변국가에 비하면 낮다. 캄보디아는 경제구조가 매우 후진적이다. 대표적 예로서 제대로 된 발전시설을 갖추고 있지 않아 전기를 태국에서 수입해서 사용하고 있다.

앙코르 톰을 건립한 건사왕 자야바르만 7세

캄보디아의
역사

02

영광의 천오백년 - 암흑의 오백년

캄보디아는 2천 년의 오랜 역사를 가진 나라다. 그중 1천5백년은 영광의 앙코르 왕국 시대Kingdom of Angkor(802-1431)이고 그후의 5백년은 암흑의 캄보디아 시대이다.

9세기부터 15세기까지가 캄보디아의 황금기인 앙코르 왕국 시대로 크메르인이 힌두교의 신정국가神政國家를 세워 인도차이나 반도의 대부분을 지배했다. 이때 찬란한 크메르 문명을 꽃피워 앙코르 유적을 낳았다.

그 이후의 캄보디아 시대는 국력이 쇠퇴해져 약소국가로 전락했다. 이웃 민족의 침략, 프랑스의 식민 지배를 거쳐 캄보디아는 독립했으나 정치적 혼란과 오랜 내전이 지속된 암흑시대였다.

전성기의 앙코르 왕국

앙코르 왕국 이전시대

5세기의 푸난과 첸라왕국

캄보디아 남부의 메콩 강 델타지역은 기원전부터 중국과 인도를 잇는 해상항로의 중계지로 크게 번영했다. 1세기 무렵, 그곳에 정착한 크메르인(옛 캄보디아인)은 고대왕국 푸난Funan Kingdom (86-550)을 세웠다. 정치는 중국, 문화와 종교는 인도의 영향 받은 푸난은 이를 토착화하여 크메르 독자의 정치·종교·문화를 창출했다.

6세기 말, 푸난의 속국이었던 첸라 왕국Chenla Kingdom (627-820)이 그 뒤를 이었다. 8세기 초, 첸라 왕국은 남부 해안의 수첸라水真臘와 북부 내륙의 육첸라陸真臘로 분열되었다가 멸망하고 자바Java의 사일렌드라 왕국Kingdom of Sailendra (750-832)의 속국이 됐다.

앙코르 와트를 건립한
수리야바르만 2세

앙코르 왕국 시대

9세기 초, 자바에 인질로 있다가 귀국한 수첸라의 마지막 왕자 자야바르만 2세Jayavarman II (802-850)가 나라를 통일했다. 그는 앙코르 북동쪽의 성산 프놈 쿨렌에서 왕을 신으로 모시는 신왕Devaraja 5) 의식을 거행하고 전륜성왕轉輪聖王 6)으로서 앙코르 왕국을 세웠다. 630년 동안 26명의 신왕神王이 다스린 앙코르 왕국은 찬란한 크메르 문명을 꽃피워 앙코르 유적을 남겼다.

왕국의 여명 : 877년, 제3대 왕 인드라바르만 1세Indravarman I (877-889)는 프놈 쿨렌에서 하리하랄라야Hariharalaya(지금의 롤루오스 지역)로 도성을 옮겼다. 왕은 힌두교 가람 프리아 코Preah Ko와 피라미드형의 국가 가람 바콩Bakong을 건립했다.

889년, 제4대 왕 야소바르만 1세Yasovarman I (889-910)는 왕도王都를 롤루오스에서 앙코르로 옮겼다. 성산 프놈 바켕을 중심으로 도성 야소다라푸라Yasodharapura를 조성하여 앙코르 왕도 시대를 열었다. 왕은 인조 호수 인드라타타카에 수상가람 롤레이를 건립했다.

928년, 제7대 왕 자야바르만 4세Jayavaman IV (928-942)는 왕의 출신지인 코 케Koh Ker로 왕도를 옮겼다. 그러나 944년, 제9대 왕 라젠드라바르만 2세Rajendravarman II (944-968)는 왕도를 다시 앙코르로 옮겨왔다.

---

5) 현인신을 뜻함, 왕을 신격화 한 힌두교의 신왕사상에서 유래.

6) Chakravartin, Devaraja : 무력을 사용하지 않고 정의와 법륜으로 세계를 통치하는 이상적인 군주.

왕은 동 바라이^{Baray 7)}의 남쪽에 프레 룹을 국가가람으로 하는 도성을 조성했다. 지금의 베트남까지 영토를 넓힌 왕은 그 밖에 동 메본과 아담한 힌두교 가람 반티아이 스레이^{Banteay Srei 8)}를 건립했다.

1011년, 오랜 왕위계승전쟁 끝에 왕위에 오른 제13대 왕 수리야바르만 1세^{Suryavarman I (1011-1050)}는 힌두교 가람 피메아나카스를 건립했다. 제14대 왕 우다야디트야바르만 2세^{Udayadityavarman II (1050-1066)}는 힌두교 가람 바푸온^{Bapuon}을 건립하고 인조 호수 서 바라이를 건설했다.

왕국의 전성기 : 12세기, 앙코르 왕국의 전성기에 제18대 왕 수리야바르만 2세^{Suryavarman II (1112-1150)}는 영토를 태국, 말레이시아 반도, 베트남까지 확장했다. 왕은 크메르 건축의 최고 걸작인 석조 힌두교 가람 앙코르 와트를 건립했다. 왕이 죽은 뒤, 왕위계승전쟁이 계속돼 국력이 쇠약해진 앙코르 왕국은 1177년에 이웃 참파^{Champa 9)} 왕국의 지배를 받았다.

1181년, 제21대 왕 자야바르만 7세^{Jayavarman VII (1181-1219)}는 참파의 지배로부터 나라를 되찾았다. 왕은 앙코르 왕국의 마지막 도성 앙코르 톰을 조성하고 도성의 중심가람 바이욘^{Bayon}을 건립했다. 그 밖에도 타 프롬을 비롯하여 프리아 칸^{Preah Khan}, 닉 펜^{Neak Pean}, 반티아이 크데이 등 많은 불교 가람을 건립했다.

위대한 왕
자야바르만 7세

---

7) 저수지, 인조 호수.
8) 크메르어로 '여인의 성채'라는 뜻. 반티아이 '성채', 스레이 '여인'.
9) 베트남 남부지역을 지배한 왕국. 참파족이 세운 나라. 1177년 앙코르 도성을 점령.

왕국의 사양 : 자야바르만 7세가 죽은 뒤, 앙코르 왕국은 왕위계승을 둘러싼 분열, 힌두교와 대승불교의 종교적 혼란, 가혹한 세금징수, 왕국 번영의 기반인 관개수리 시설의 파괴, 이웃나라 아유타야^{지금의 태국}왕국의 반복된 침공으로 14세기 말부터 국력이 급속히 쇠퇴해졌다.

1431년, 급기야 아유타야 왕국의 침략으로 앙코르 왕도가 함락됐다. 왕도를 앙코르에서 프놈펜으로 옮겨가면서 앙코르 왕국 시대도 막을 내렸다.

앙코르 왕국 이후 시대

15세기부터 18세기 말까지의 앙코르 왕국 이후의 캄보디아 시대는 암흑시대였다. 아유타야 왕국과 참파 왕국의 잇단 침략과 지배로 약소국가로 전락한 캄보디아는 겨우 명맥만 유지했다. 19세기 초 캄보디아는 두 왕국의 지배로부터 벗어났으나 프랑스의 식민지가 돼 약 90년 동안 그 지배를 받았다.

1953년 시아누크^{Sihanouk}의 캄보디아 왕국⁽¹⁹⁵³⁻¹⁹⁷⁰⁾이 탄생했다. 그러나 1970년 국방장관 론 놀^{Lon Nol}의 쿠데타로 1200년 동안 지속해온 군주제도가 무너졌다. 그리고 친미정권인 크메르 공화국^{Khmer Republic(1970-1975)}이 수립됐다.

시엠립 킬링필드의 추모탑

비극의 폴 포트 시대

1975년, 크메르 공화국은 폴 포트Pol Pot가 이끄는 크메르 루즈Khmer Rouge(붉은 크메르)에 의해 무너졌다. 그리고 공산정권인 폴 포트의 민주캄푸치아(1975-1978)가 수립됐다.

감옥안의 철침대와 고문도구
-투얼 슬렝 대학살 박물관

폴 포트 정권은 이상적인 농업 국가를 건설한다는 미명 아래 쇄국, 도시주민의 농촌강제이동, 집단생활, 재산의 사유화 금지, 종교부정 등 원시공산주의의 개혁정책을 추진하면서 인구의 30%나 되는 양민을 학살했다. 이것이 아무 이유도 없이 양민을 대량 학살한 킬링필드Killing Field 사태다.

캄보디아 왕국 시대

1991년에 내전이 끝나고 1993년에 시아누크 왕을 수반으로 하는 지금의 캄보디아 왕국이 탄생했다. 1998년, 캄보디아는 연립정권이 수립되고 유엔에 가입하면서 정치적 안정을 찾았다. 그리고 1999년, 아세안ASEAN에 가입한 뒤로 캄보디아는 극단의 빈국에서 벗어나고 착실하게 경제성장이 지속되고 있다.

프놈펜의 왕궁 앞 거리

동양의 파리 프놈펜

03

캄보디아 정치·경제·문화·교육의 중심지

프놈펜^{Phnom Penh}은 캄보디아 왕국의 수도로 정치, 경제, 문화, 교육의 중심지다. 메콩, 톤레삽, 바사크의 세 강이 마주치는 메콩델타의 중심에 위치해 있는 항만도시다.

캄보디아어로 프놈펜은 '펜 부인의 언덕'이라는 뜻이다. 독실한 불교신자였던 펜 부인이 홍수로 떠내려 온 불상을 건져 프놈^(언덕)에 안치했다는 전설에서 프놈펜이라는 이름이 유래됐다.

프놈펜은 면적이 375㎢에 인구 약 150만 명의 캄보디아 최대의 도시다. 프랑스 식민지시대에 도시계획에 의해 조성된 도시로 아름다운 거리와 건물들이 많아 '동양의 파리'라고 불린다. 15세기에 아유타야 왕국의 침공으로 앙코르 왕국의 왕도가 이곳으로 천도해오면서 그 역사가 시작됐다. 그 뒤 프놈펜은 프랑스 식민지시대에 정비되어 지금과 같은 아름다운 도시로 변모했다. 폴 포트 정권 때 잠시 황폐했으나 내전이 끝난 뒤 복구되어 오늘에 이른다.

프놈펜의 대표적인 볼거리로는 톤레삽 강변에 자리한 왕궁과 실버 파고다, 폴 포트 시대에 양민 대량학살의 현장 이었던 투얼 슬렝 박물관과 킬링필드, 오래된 가람 와트 프놈^{Wat Phnom}, 앙코르 유적에서 출토된 유물을 전시하고 있는 캄보디아 국립박물관, 캄보디아인의 일상생활을 엿볼 수 있는 중앙시장과 투얼 톰퐁 시장이 있다.

프놈펜 중심의 톤레삽 강변에 자리한 왕궁^{Royal Palace}은 1886년에 전통양식으로 건립된 국왕의 거처다. 왕궁에 국왕이 있을 때는 국기가 계양된다. 왕궁에는 은탑, 크메르 궁, 즉위전이 있다. 국왕의 대관식이나 왕실의 공식행사 때 사용하는 황색 지붕의 즉위전^{Thron Hall}은 높이 59m의 황금 탑이 인상적이다. 왕궁 앞에 왕궁을 건립한 노로돔 왕의 기마상, 왕궁 내에 1870년에 나폴레옹 3세가 기증한 파빌리온이 서 있다.

톤렙삽 강과 왕궁과
실버 파고다가 보이는
프놈펜 전경

1892년에 건립한 실버 파고다Silver Pagoda는 왕궁과 벽 하나를 사이에 두고 있는 국가가람이다. 실내 바닥에 5,329장의 은 타일이 호화찬란하게 깔려있다. 중앙에 25캐럿의 다이아몬드와 9,584개의 다이아몬드가 상식된 황금불상과 스리랑가에서 가져온 에메랄드 불상이 안치돼있다.

프놈펜 북쪽의 작은 언덕에 와트 프놈이 서 있다. 와트 프놈은 '언덕 위의 가람'이라는 뜻으로 1327년에 건립된 프놈펜에서 가장 오래된 불교 가람이다. 전설에 따르면 여자보살 펜 부인이 메콩 강에 떠내려 온 불상을 건져 안치하기 위해 세운 가람이다. 언덕에 펜 부인의 사리를 담은 불탑이 서 있다. 왕궁의 북쪽에 서 있는 캄보디아 국립박물관Cambodia's National Museum은 1920년에 개관한 크메르 양식의 건물로 박물관 내에 1만 5천 점의 크메르 문명의 유물이 전시

프놈펜의
캄보디아 국립박물관

되고 있다. 그중 명상하는 비슈누 신상, 시바 신^{Shiva 10)}의 상징 링가

Linga 11), 자야바르만 7세 상, 우마^{Uma 12)} 여신을 무릎에 앉혀놓고 있

는 시바 신상, 문둥이 왕상, 뱀 신 나가^{Naga 13)}를 배경으로 한 부처상,

검은 귀부인상, 시바 신의 머리상이 유명하다.

프랑스로부터의 독립을 기념하여 1958년에 건립한 독립기념탑

Independence Monument은 프놈펜의 심벌이다. 해마다 11월 9일의 독립기

---

10) 힌두교의 3대 최고신의 하나. 창조와 파괴의 신. 제3의 눈을 갖고 있음.
11) 시바신의 창조력을 상징하는 남근석(男根石), 여성 성기를 상징하는 요니(Yoni) 위에 안치돼있음.
12) 히말라야의 딸. 시바신의 아내.
13) 뱀 신. 인간의 얼굴, 코부라의 머리, 뱀의 꼬리를 가진 힌두교 수호신. 불교의 증 장천왕(增長天王).

념일에 이곳에서 기념식을 갖는다.

투얼 슬렝 학살 박물관^{Tuol Sleng Genocide Museum}은 폴 포트의 급진 공산정권 시대에 양민들을 대량 학살한 정치범수용소였던 곳에 지은 박물관으로 캄보디아의 아픈 역사를 보여준다. 이곳에는 양민을 고문하고 비참하게 처형하는 사진과 삽화 등의 자료와 고문기구들을 전시하고 있다.

프놈펜에서 남서쪽으로 12km 떨어진 청 아익^{Choeung Ek}에 폴 포트 시대의 대량학살의 현장인 킬링필드가 있다. 양민들을 투얼 슬렝 형무소에 가두어 고문을 한 뒤에 이곳으로 데려 와서 처형했다.

프놈펜 킬링필드의 추모탑

현재 프놈펜을 비롯하여 캄보디아에 수백 개의 킬링필드가 남아있다. 지식인, 군인, 공무원. 학자. 의사, 선생을 비롯하여 글을 읽을 수 있는 자, 안경 쓴 자, 손에 굳은살이 없는 자, 영어를 하는 자에 이르기까지 캄보디아 인구의 3분의 1에 해당하는 약 330만 명이 대량 학살된 처형현장이 킬링필드이다. 프놈펜의 킬링필드에는 추모탑이 서 있고 탑 안에 희생자들의 두개골이 안치되어있다.

프놈펜의 중심부에는 크메르어로 '프사 트메이^{Psar Thmei}이라고 불리는 중앙시장이 있다. 프랑스 시대에 건축한 단층 건물로 시장인데도 실내장식이 예술적이다. 귀금속, 각종 기념품, 전자제품, 식료품, 의류, 생활용품까지 없는 것이 없다.

투얼 슬렝 박물관 근처에 러시안 마켓이라고 불리는 투얼 톰퐁 시장^{Psar Tuol Tom Pong}이 있다. 불상, 실크, 은제품, 조각 등을 판매하는 상점들이 즐비해있다. 프놈펜을 가로질러 흐르는 톤레삽 강을 카페리로 2시간 정도 돌아볼 수 있다.

시엠립의 거리 풍경

앙코르 유적의 관문 시엠립

04

해마다 변모하는 여행의 출발지

시엠립은 캄보디아의 북서부, 톤레삽 호수 북쪽 연안에 자리한 인구 약 90만 명의 작은 도시다. 시엠립이라는 이름은 캄보디아어로 '시암족을 물리친 땅'이라는 뜻이다. 17세기, 앙코르를 침공한 시암족^(지금의 태국인)을 크메르인이 물리친 것을 기념하여 붙여진 이름이다.

시엠립은 해마다 수백만 명의 외국관광객이 찾는 앙코르 유적의 관광거점이다. 앙코르 유적의 관광이 이곳에서부터 시작된다. 원래는 작은 전원도시였으나 매년 도시의 규모가 커지고 면모도 바뀌고 있다. 5성급의 고급 호텔을 비롯하여 리조트 호텔, 게스트 하우스, 레스토랑, 토산품 상점에 이르기까지 각종 관광시설이 즐비해있다.

도시의 중심을 조금만 벗어나면 캄보디아의 전원풍경이 전개된다. 북쪽 밀림 속에 앙코르 와트를 비롯한 앙코르 유적, 동쪽에 롤

숲길을 따라
앙코르 유적으로 가는
툭툭 행렬

루오스 유적, 남쪽에 거대한 톤레삽 호수가 자리한다. 국제관광지답게 캄보디아뿐만 아니라 태국, 베트남, 중화, 프랑스, 한국요리 등 각종 요리를 즐길 수 있다. 전통예술도 감상할 수 있다.

주요 볼거리로는 오래된 불교 가람으로 벽에 붓다의 생애를 담은 벽화가 있는 와트 보 가람Wat Bo Temple, 폴 포트 정권 시대의 희생자의 유골이 남아있는 작은 킬링필드 와트 트마이, 앙코르 국립박물관, 지뢰박물관 등이 있다. 와트 트마이Wat Thmei는 '새로운 가람'이라는 뜻으로 폴 포트 정권 시대에 형무소였던 자리에 무자비하게 학살당한 양민의 원혼을 달래기 위해 세운 가람이다. 중앙에 킬링필드로 희생된 양민들의 유골이 있는 위령탑이 서 있다.

시엠립의 남쪽에 올드 마켓^{Old Market}은 약 200개의 상점이 즐비해 있는 외국관광객에게 인기가 있는 재래시장이다. 각종 민속 물품, 전통 실크 제품, 유적의 돋새김을 모방한 장식품, 그리고 골동품을 파는 상점들, 식사도 할 수 있는 카페, 마사지짐 등이 있다. 밤에는 야시장으로 바뀐다.

야시장은 카페 '레드 피아노^{Red Piano}'를 중심으로 그 일대가 펍 스트리트^{Pub Street}로 시엠립 밤의 번화가이다. 서울 이태원의 외국인 거리같이 외국관광객들이 붐비는 흥겨운 곳으로 레스토랑과 주점이 즐비해있다. 그중 레드 피아노는 안젤리나 졸리가 영화「툼 레이더^{Tomb Raider}」(2001년)를 촬영할 당시 거의 매일 방문했다 하여 세계적으로 유명세를 탔다. 이 레스토랑에서는 '툼 레이더'라는 칵테일도 팔고 있다. 그 건너에는 한국인 단체 관광객이 오면 트로트를 연주해주는 라이브밴드가 있는 것으로 유명한 카페 '인터치^{In Touch}'가 있다.

앙코르 국립박물관은 앙코르 유적에서 발굴된 유물들을 전시하고 있다. 캄보디아 민속촌에는 크메르인의 옛 집들이 전시되고 있다.

시엠립의 거리에서 눈길을 끄는 것은 캄보디아어로 '툭툭'이라고 부르는 오토바이에 마차를 붙인 '바이크택시'다. 이 택시에는 차번호가 없고 택시기사가 입고 있는 조끼에 차번호가 적혀있는 것이 또 하나의 특징이다. '툭툭'을 이용하는 것이 여러모로 편리하지만, 영어가 통하지 않는 경우가 많아 소통의 불편함이 있고, 택시는 있지만 미터택시가 없어 반나절이나 하루 단위로 빌려야 한다. 버스가 있으나 외국관광객이 타기에는 적합하지 못하다.

톤레삽 호수의
수상가옥

바다 같은 톤레삽 호수

시엠립의 남쪽 15㎞에 '육지의 바다'라고 불리는 동남아에서 가장 큰 민물 호수 톤레삽이 있다. 호수의 길이가 동서로 40㎞, 남북으로 160 ㎞나 된다. 톤레삽은 캄보디아어로 '거대하다'는 뜻이다.

우기와 건기에 따라 호수의 크기가 달라진다. 수심과 크기가 건기(11월~4월)에는 1m에 3천㎢이고 우기(5월~10월)에는 늘어난 메콩 강물이 역류하여 10m에 1만 4천㎢로 커져 국토의 20%를 차지한다. 이 호수는 물 반 물고기 반이라 할 만큼 수자원이 풍부하다. 잉어, 메기, 청어, 민물농어 등 그 종류가 850여 종에 이른다.

호수나 그 주변에 뗏목이나 목선을 띄워 그 위에 집을 지은 수상
가옥이 4천 채 가까이 있다. 수상가옥 외에 수상시장, 수상경찰서,
수상학교, 수상가람, 수상병원까지 있어 수상마을을 이룬다. 주민
들은 호수 물로 밥을 짓고 목욕하고 세수하고 이를 닦는다.

그들의 생활은 앙코르 시대나 지금이나 별로 달라진 것이 없다.
수상가옥에는 주소가 없고 선박의 고유번호가 주소를 대신한다.
해질 무렵에는 황금색으로 물든 호수가 매우 아름답다.

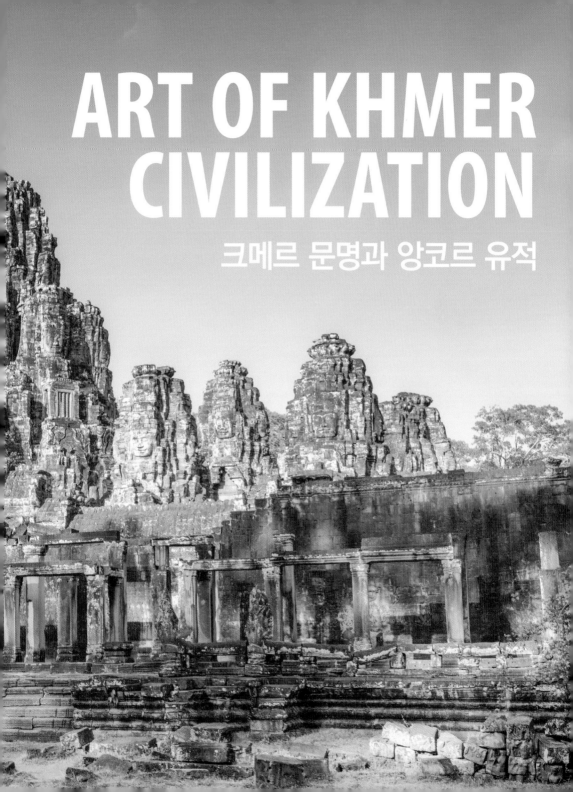

ART OF KHMER CIVILIZATION

크메르 문명과 앙코르 유적

자비로운 미소를 머금은 관세음보살 상

동양의 기적 앙코르 유적

05

세계 최대의 석조 종교 건축물 유적

캄보디아의 수도 프놈펜에서 북서로 313㎞, 톤레삽 호수의 북쪽 연안에 세계적으로 유명한 동남아의 마지막 비보祕寶 앙코르 유적Angkor Ruins이 자리한다. 앙코르는 산스크리트어로 '도시'를 뜻한다.

밀림 속에 솟아 있는 앙코르 와트의 신비로운 첨탑, 힌두교의 우주를 크메르화 하여 지상에 재현해놓은 도성都城 앙코르 톰, 자비로운 '크메르의 미소'를 머금은 바이욘의 사면불탑四面佛塔, 매혹적인 반티아이 스레이의 데바타Devata 1)상, 자연모습을 그대로 간직한 유적 타 프롬, 힌두신화로 가득 메운 가람의 대벽화, 바다처럼 넓은 인조 호수 동·서 바라이-.

---

1) 힌두교에서 가장 지위가 낮은 여신. 천녀 압사라라고도 함.

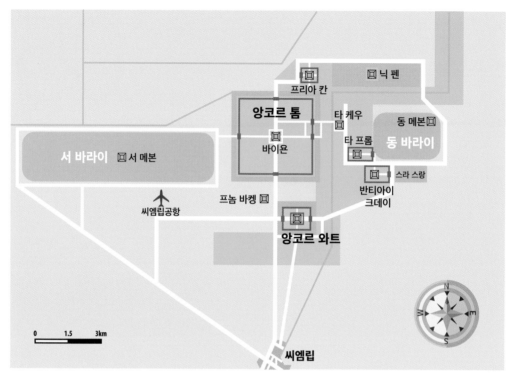

앙코르 주요 유적의 약도

프리아 칸

닉 펜

앙코르 톰

타 케우

동 메본

서 바라이　서 메본

바이욘

타 프롬

동 바라이

스라 스랑

반티아이
크데이

씨엠립공항

프놈 바켕

앙코르 와트

0　1.5　3km

씨엠립

　　그 밖에도 도성, 왕궁, 가람, 영묘, 테라스, 조각에 이르기까지 앙
코르에는 크메르 문명Khmer Civilization이 남긴 역사적·종교적·예술적
가치가 높은 많은 석조 종교 건축물 유적들이 군집해 있다. 앙코
르 전체가 거대한 '야외 석조가람 박물관'이라 할 수 있다. 앙코르
의 많은 유적들은 그 하나하나가 모두 신비롭고 경이로운 종교 건
축물의 걸작들이다.

앙코르 유적

지혜로운 크메르인이 남긴 유산, 앙코르 유적

해마다 지구촌 곳곳에서 수백만 명의 외국인관광객이 앙코르 유적을 찾는다. 앙코르 유적은 '동양의 그리스 문명'이라고 일컫는 크메르 문명이 낳은 세계 최대의 석조 종교 건축물 유적이며 세계문화유산이다.

이 유적은 옛 크메르인의 선진화 된 지혜, 뛰어난 설계, 고도의 건축기술, 깊은 신앙심, 그 많은 건축을 뒷받침한 재력과 거국적으로 인력을 동원할 수 있었던 국력의 산물이다.

악마 왕을 물어뜯는 비슈누 신의 화신 나르심하-반티아이 스레이 동탑문

크메르 문명과 앙코르 유적

로마 문명이 하루아침에 이루어지지 않았듯이 크메르 문명은 9세기부터 15세기 초까지 반천년 넘도록 메콩 강 유역에서 찬란하게 핀 문명이다. 이집트 문명이 나일 강의 선물이며 피라미드가 이집트 문명의 선물이 듯이 크메르 문명은 메콩 강의 선물이며 앙코르 유적은 크메르 문명의 선물이다.

크메르 문명이 낳은 많은 유적들이 군집해있는 앙코르^{Angkor}는 중세에 인도차이나 반도를 지배한 거대한 힌두교의 신정국가 앙코르 왕국의 왕도였다. 기원 11세기 무렵, 세계인구가 약 2억 5천만 명이었을 때 세계의 최대 도시였던 스페인의 코르도바가 약 45만 명, 비잔틴 제국의 수도 콘스탄티노플^(지금의 이스탄불)이 약 35만 명이었고 앙코르는 약 30만 명이나 되는 큰 도시였다.

앙코르는 남으로 톤레삽 호수와 북으로 프놈 쿨렌 사이에 펼쳐 있는 광대한 부채모양의 평원이었다. 그 넓이가 서울의 절반인 약 300㎢에 이르렀다.

성스러운 땅 앙코르

앙코르 와트를 비롯하여 앙코르의 유적들을 만나면 누구나 앙코르 왕국의 왕들이 왜 그렇게 많은 석조가람을 그것도 앙코르에 집중해서 건립했는지 의문을 갖지 않을 수 없다.

그것은 앙코르가 인도에서 전래된 힌두교의 우주관에 따른 '성스러운 땅^{聖地}'이었고 또한 앙코르 왕국만의 독특한 왕위계승관례 때문이었다.

옛 크메르인에게 있어서 앙코르의 북쪽에 솟아있는 프놈 쿨렌은

7개의 머리를 가진
뱀 신 나가 상

힌두신화에 나오는 우주의 중심인 메루 산^{Mt. Meru 2)}에 해당하는 성산聖山이었다. 그곳에서 발원하여 앙코르 대평원을 적셔 풍요를 가져다주는 시엠립 강은 인도의 강가^{Ganga 3)}에 해당하는 성하聖河였다. 그리고 왕도 앙코르는 갠지스 강 중류에서 크게 번영한 고대 인도의 아요디야^{Ayodhya}에 해당하는 성도聖都였다. 이처럼 앙코르는 크메르인에게 힌두교의 우주관이 크메르화 된 성산·성하·성도가 갖추어져 있는 '성스러운 땅'이었다.

---

2) 힌두교의 우주관에 등장하는 세계의 중심 산. 정상에 인드라 신, 기슭에 신들이 거주. 불교의 수미 산(須彌山).
3) 갠지스 강을 신격화 여신. 원래 비슈누의 아내였으나 나중에 시바와 결혼.

　이 땅에 크메르인은 힌두교 국가 앙코르 왕국을 세웠다. 그리고 그곳에 거대한 도성, 장려한 궁전, 장대한 국가가람을 짓고 거대한 바라이를 만들어 힌두교의 우주를 형상화하여 지상에 재현해놓았다.

　앙코르 유적은 고대 인도에서 전래된 힌두교를 크메르화 하여 만들어낸 성스러운 종교유적이며 신비로운 힌두신화를 상징하는 위대한 문화유산이다.

　뿐만 아니라 앙코르 왕국에는 독특한 왕위계승관례가 있었다. 앙코르 왕국을 다스린 스물여섯 왕 중 여덟 왕만이 세습으로 왕이 되고 나머지는 모두 혈연과는 아무런 관계없이 왕위계승전쟁을 통해 무력이나 실력으로 이긴 자가 왕이 됐다. 앙코르 와트를 건립한 수리야바르만 2세도 예외는 아니었다. 그는 오랜 왕위계승전쟁 끝에 전왕을 살해하고 왕에 올랐다. 앙코르 왕국은 특정의 왕조가 이어받아 왕에 오르는 세습왕국이 아니었다.

격렬한 왕위계승전쟁을 치르고 나면 도성은 파괴되고 왕궁과 가람은 불타버렸다. 새 왕은 거대한 도성과 호화로운 왕궁과 장려한 국가가람을 새로 지어 그 권위를 과시해야했다. 또한 왕권이 항상 불안정했기 때문에 왕이 된 뒤에도 계속 가람을 지어 위력을 과시하며 필사적으로 왕위를 지켜야 했다. 이 때문에 역대 왕들은 앙코르에 많은 가람을 지었다.

그중에서도 초대 왕 자야바르만 2세, 제4대 왕 야소바르만 1세, 제9대 왕 라젠드라바르만 2세, 제18대 왕 수리야바르만 2세가 많은 가람을 지었다. 가장 많은 가람을 지은 제21대 왕 자야바르만 7세는 건사왕建寺王이라고 불리었다.

유적을 휘감고 있는
거대한 나무뿌리
–불교가람 타 프롬

밀림 속의 방대한 유적들

앙코르 유적은 그 규모가 방대하다. 앙코르 지역과 그 근교에 역대 왕들이 남긴 유적이 수 없이 많다. 지금까지 남아있는 석조 유적 외에 풍화돼 없어진 목조 유적까지 고려하면 1천 개가 넘는다. 현재 앙코르에 유네스코의 세계문화유산을 포함하여 주요 유적만도 99군데나 된다. 우리에게 너무나 잘 알려져 있는 앙코르 와트도 그중의 하나다.

반티아이 스레이의
매력이 넘치는 데바타 상

앙코르 유적은 크게 앙코르 와트 유적, 앙코르 톰 유적, 동·서 바라이 주변 유적, 롤루오스 유적, 앙코르 근교 유적의 다섯 유적으로 나뉜다.

앙코르 와트 유적은 앙코르의 중심에 있는 힌두교 가람 유적으로 앙코르 유적의 심벌이다. 그 주변에 앙코르 왕국의 도성 야소다라푸라의 중심 산으로 숲 속에 솟아있는 석양이 아름다운 앙코르 와트를 볼 수 있는 프놈 바켕이 있다.

앙코르 톰 유적은 앙코르 와트의 북쪽 가까이에 있는 앙코르 왕국의 마지막 도성 유적이다. 천지창조의 신화 「우유바다 젓기」를 재현해놓은 남대문, 사면불탑이 숲을 이루고 있는 불교 가람 유적 바이욘, 앙코르의 피라미드 바푸온, '하늘의 궁전' 피메아나카스, 왕의 공식행사장인 코끼리와 문둥이 왕의 테라스가 있다.

동·서 바라이 주변 유적은 앙코르 톰 가까이에 있는 동·서 바라이 주변의 유적들이다. 불교 가람 유적으로 타 프롬, 프리아 칸, 닉 펜, 타 솜이 있다. 힌두교 가람 유적으로 타 케우, 프레 룹, 토마논, 그리고 수상가람 유적으로 동 메본Mebon 4)과 서 메본, 왕의 연못 스라Srha 5) 스랑이 있다.

롤루오스 유적은 앙코르의 동부에 있는 앙코르 왕국 초기 유적이다. 대표적으로 앙코르 왕국의 발상지인 성산 프놈 쿨렌, 그 주변의 수중유적水中遺蹟 크발 스피앙, 오래된 힌두교 가람 유적 프리아 코, 바콩, 롤레이 유적, 그리고 롤루오스 북쪽에 '동양의 모나리자' 여신상으로 유명한 아담한 힌두교 가람 유적 반티아이 스레이가 있다.

앙코르 근교 유적은 아직까지 수복되지 못한 채 앙코르 근교의 밀림 속에 방치돼있는 유적들이다. 그중 첸라의 도성 유적 삼보르 프레이 쿡Sambor Prey Kuk, 도성 유적 코 케, 불교 가람 유적 반티아이 츠마르Banteay Chmar, '연꽃의 연못'이라 불리는 벵Beng 6) 밀리아, 성곽 유적 대大프리아 칸, 그리고 세계문화유산인 프리아 비히어가 유명하다.

앙코르 유적 중에서 꼭 봐야할 유적으로 앙코르 와트, 앙코르 톰의 바이욘, 타 프롬, 반티아이 스레이, 벵 밀리아의 다섯 유적을 들 수 있다.

---

4) '은총이 넘치는 어머니'라는 뜻. 연못 속의 사원.
5) 바라이 보다 작은 인공 저수지 혹은 연못.
6) 연못이라는 뜻.

앙코르 가는 길

1990년대 초에 내전이 끝나고 앙코르 유적의 관광이 재개됐을 때만 해도 방콕으로 가서 육로로 국경을 넘어 시엠립으로 가야했다. 지금은 인천공항에서 시엠립까지 직행하는 항공편이 있어 매우 편리하다. 약 4시간 30분이 소요된다.

　시간적 여유가 있으면 앙코르 유적의 여행은 먼저 수도 프놈펜으로 가서 캄보디아 국립박물관에서 캄보디아의 역사와 크메르 문명에 대한 예비지식을 가진 다음에 시엠립으로 이동해 앙코르 유적을 관광하는 것이 바람직하다.

　시엠립 공항은 세계적인 관광지의 국제공항인데도 규모나 시설이 너무 초라하다. 접근성도 좋지 않아 여객기에서 내리면 공항 터미널까지 걸어 가야한다. 공항에서 차로 약 10분쯤 가면 앙코르 유적의 관광거점 시엠립에 도착한다.

시엠립 국제공항

앙코르 와트의 옛모습(파리 기메 미술관)

앙코르 유적의 재발견

06

재발견한 천년 신비 앙코르 유적

14세기 말 이후 앙코르 왕국은 국력이 급격히 기울었다. 15세기 초, 이웃 아유타야 왕국의 침공으로 앙코르 왕도가 함락되고 앙코르 왕국이 무너졌다. 왕도는 프놈펜으로 쫓겨 가고 앙코르는 폐허가 되다시피 방치됐다. 그러면서 크메르 문명이 낳은 찬란한 유적들은 밀림 깊숙이 묻히고 말았다.

그 뒤 4백여 년이 지난 19세기 후반, 밀림 속 깊이 묻혀 잊혀있던 앙코르 유적이 재발견됐다. 1860년, 프랑스 태생 영국인 박물학자 앙리 무어Henri Mouhot(1826-1861)가 앙코르의 밀림에서 잠자고 있던 유적을 재발견하여 전 세계에 알림으로써 다시 빛을 보게 됐다.

그는 런던과학협회의 후원으로 4년 동안 태국, 캄보디아, 라오스 일대의 동식물을 연구하기 위한 답사여행하고 있었다. 답사 중 프놈펜에서 톤레삽 호수까지 작은 배로 거슬러 올라간 그는 호수 북쪽 연안의 밀림 속에 묻혀있던 앙코르 와트를 재발견했다.

앙코르 와트를 재발견한
앙리 무어 우표

그 이듬해 그는 프랑스의 여행잡지 〈뚜르두몽드〉(Le Tour Du Monde)에 답사기를 발표하여 앙코르 유적을 세상에 알렸다.

1863년, 그는 라오스 여행 중에 말라리아에 걸려 삶을 마쳤다. 이때 그의 나이 36세였다. 그의 무덤은 지금 라오스의 밀림 속에 있다. 그가 죽은 뒤 출판된 『인도차이나 왕국 여행기-앙코르 와트의 발견』(1863년)에서 그는 앙코르 와트를 '캄보디아의 밀림에 솔로몬의 궁전보다 더 화려하고 고대 그리스의 신전보다 더 웅장하고 미켈란젤로보다 더 뛰어난 예술가가 만든 장려한 종교 건축물이 있다고 찬양했다.

앙코르 방문의 기록들

앙리 무어 보다 먼저 앙코르를 방문하여 기록을 남긴 여행자들이 있다. 그중 13세기 말의 중국인 주달관周達觀(1266-1346)과 16세기의 포르트갈 수도사 안토니오 다 막달레나Antonio da Magdalena가 대표적 방문자였다. 막달레나는 '도저히 인간이 만들었다고 생각할 수 없는 웅장한 건축물'이라고 앙코르 와트를 찬양했다. 그 밖에도 포교활동을 위해 캄보디아를 방문한 스페인이나 포르트갈 선교사들이 앙코르 유적을 단편적으로 소개했다.

그런데도 앙리 무어의 재발견이 더 높이 평가받고 있는 것은 앙코르 유적을 그가 직접 스케치한 그림과 함께 처음으로 상세히 세계에 널리 알렸기 때문이다.

최초에 기록을 남긴 주달관은 1296년에 원元의 사신으로 앙코르
왕국을 방문하여 1년 동안 머물렀다. 이때가 앙코르 왕국의 전성기
가 끝날 무렵이었다. 귀국 후에 그는 앙코르 왕국의 견문록『첸라
풍토기眞臘風土記 Chen La topography』를 남겼다.

이 견문록에 그는 13세기 말의 앙코르 왕국의 모습을 성채, 왕궁,
국왕과 왕비, 촌락, 농경, 풍습, 종교, 법제도, 노예제도, 문자, 달
력, 의식주, 목욕, 상거래, 동식물, 그리고 왕의 외출에 이르기까지
41개 항목에 걸친 상세한 기록을 남겼다. 그중의 일부를 소개하면,

성벽과 성문 : 도성(앙코르 톰을 가리킴)은 그 둘레가 약 12㎞나 되며 5개의

앙코르 와트의 옛사진

성문이 있다. 도성 밖에 큰 호수가 있고 그 위에 큰 다리가 놓여있다. 다리의 양쪽에 각각 27체씩 모두 54체의 돌로 만든 신상石造神像이 안치돼있다. 다리의 난간은 9개의 머리를 가진 뱀 신 나가의 몸통을 신과 아수라Asura 7)가 잡아당기는 모습의 조각으로 장식돼있다. 힌두교의 창세신화 「우유바다 젓기」를 조각해 놓은 것이다.

아침이 되면 열리고 밤이 되면 닫히는 성문에는 동서남북을 바라보고 있는 사면불탑이 장식돼있다.

---

7) 신들의 적. 악마족. 불교에서의 아수라(阿修羅).

도성 안으로 들어가면 중앙에 금탑^(바이온을 가리킴)이 있다. 그 주위에 20여 개의 석탑과 100여 개의 작은 방이 있다. 금탑의 북쪽으로 조금 가면 동탑^(바푸온을 가리킴)이 나온다. 도성 중심에 왕궁이 있고 그 앞에 또 하나의 금탑^(피메아나카스를 가리킴)이 있다.

도성 밖의 동쪽에 있는 연못^(동바라이를 가리킴)의 중앙에 누워있는 부처^{臥佛}가 안치돼있는 석탑이 있다. 북쪽 연못의 중앙에 금탑^(넉 펜을 가리킴)이 있다. 금탑이 많아 해상무역상인들이 왕래하면서 '부귀첸라^{富貴眞臘}'라고 불렀다.

왕궁 : 왕이 거주하는 왕궁은 금으로 장식된 창문이 있고 거울이 달린 큰 기둥이 지붕을 떠받치고 있다. 왕궁 앞에 코끼리의 테라스가 있고 그 주변에 기와지붕을 가진 궁전, 그리고 왕족과 귀족들의 집이 있다. 궁전의 큰 기둥에 부처가 장식돼있다. 왕족과 귀족들은 각자의 등급에 따라 집의 크기가 달랐다.

백성들 : 크메르인은 피부가 검고 얼굴이 매우 추하게 생겼다. 다만 왕궁에서 생활하는 궁인이나 관리들 중에는 하얀 피부를 가진 자도 있었다. 한 장의 천으로 허리를 감싸는 옷을 입고 그 밖에는 아무것도 걸치지 않았다. 부녀자는 젖가슴을 내놓은 채였다. 금반지와 금팔찌를 했다. 남녀가 모두 머리에는 상투를 틀고 신을 신지 않고 맨발로 다녔다. 발톱과 손톱을 홍약^{紅藥}을 발라 붉게 치장했다. 왕은 다섯 왕비를 두고 있다. 그 밑에 수천 명의 궁녀가 있다.

그 밖에도 『첸라 풍토기』에는 많은 이야기를 담고 있다. 이 풍토기를 발견하여 서방세계에 알린 인물은 혜초의 『왕오천축국전^{往五天竺國傳}』을 발견한 프랑스인 중국학자 폴 펠리오^{Paul Pelliot (1878-1945)}였다.

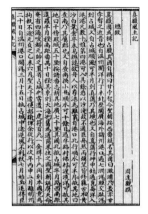

앙코르 와트 견문록
첸라 풍토기

앙코르 유적을 유명하게 만든 소설 『왕도로 가는 길』

1889년, 프랑스 혁명 100주년을 기념하여 파리 만국 박람회가 열렸다. 에펠탑도 이때 건립됐다. 이 박람회에서 앙코르 유적과 크메르 예술이 소개된 후 앙코르 유적을 방문하는 유럽인들이 크게 늘어났다.

당시 앙코르 여행을 하려면 유럽에서 프놈펜까지 기선으로 왔다. 거기서 작은 증기선을 타고 메콩 강의 샛강을 거슬러 올라간 다음에 작은 배로 톤레삽 호수를 건넜다. 그리고 소가 끄는 수레를 타고 밀림을 지나 앙코르에 도착했다. 그 때 관광할 수 있었던 유적은 앙코르 와트와 바이욘 유적뿐이었다. 관광환경도 좋지 않았다. 그런데도 유럽인들에게 앙코르 와트는 매력 있는 관광지로 인기가 매우 높았다.

파리에 재현한 앙코르 와트
(1931년 프랑스 만국박람회)

EXPOSITION COLONIALE INTERNATIONALE DE PARIS 1931.

이런 가운데 1923년에 있었던 매혹의 데바타 상 '동양의 모나리자'의 도굴사건이 앙코르 유적을 더욱 유명하게 만들었다. 드골 정권 때 문화부장관을 역임한 프랑스인 작가 앙드레 말로^André Mal-raux(1901-1976)가 22세 때 앙코르 유적을 방문했다. 크메르 예술에 흠뻑 매료된 그는 반티아이 스레이의 데바타 상을 몰래 프랑스로 가져가려다가 문화재의 불법반출 혐의로 체포돼 세상을 발칵 뒤집어 놓았다.

그는 그때의 체험을 바탕으로 유적 도굴의 체험소설 『왕도王道로 가는 길』^(La voie royale, 1930)을 썼다. 그는 이 책에서 작고 두터운 입술에 신비로운 미소를 머금은 매혹적인 데바타 상을 '동양의 모나리자'로 비유했다.

프랑스의 앙코르 와트
관광 포스터(1911년)

앙코르 유적의 재건

열대림 속에서 폐허로 발견된 앙코르 유적은 프랑스 식민지 시대에 하노이에 설립된 프랑스 극동학원^{EFEO}과 1908년에 창립된 앙코르 유적 보존국$^{Angkor\ Conservatory}$이 중심이 돼 복원했다. 1908년부터 앙코르 와트를 시작으로 바이욘, 앙코르 톰, 그 밖에 많은 유적들이 복원됐다. 1992년에 앙코르의 유적이 유네스코의 세계유산으로 지정됐다. 앙코르 유적은 지금도 복원이 계속되고 있다.

현재 지구상에 남아있는 대표적인 고대거대유적古代巨大遺蹟으로

반티아이 스레이
북도서관 복원 작업

이집트 쿠푸 왕의 대피라미드, 페루의 마추픽추, 멕시코의 태양 피라미드, 시리아의 팔미라Palmyra, 요르단의 페트라Petra이 있다. 그러나 어느 유적도 규모나 예술적 가치나 보존상태가 앙코르 와트만 못하다.

앙코르 와트는 캄보디아의 상징이며 캄보디아인의 자랑이다. 그렇지만 오랜 내전으로 인한 유적의 방치, 비바람에 의한 유적의 침식으로 서서히 유적이 붕괴되고 있어 앙코르 유적은 '위기의 문화유산危機文化遺産'으로 간주되고 있다.

앙코르 와트 유적복원실
(프놈펜 국립박물관, 1920년)

ARCHITECTURE & RELIGIONS

앙코르 시대의 건축·종교

사암으로 지은 앙코르의 가람

앙코르 건축의 특징

07

지상에 재현해 놓은 힌두교 신의 세계

'**크**메르 유적'이라는 뜻으로 크메르 프라삿Khmer Prasat이라고 불리는 앙코르 유적은 그 대부분을 힌두교의 석조가람 유적이 차지한다.

앙코르의 가람은 백성들이 신에게 예배를 드리는 장소가 아니다. 그곳은 하늘에서 강림한 힌두교의 신들이 머물거나 신격화된 신왕이 거주하는 성스러운 장소였다. 신왕은 그 안에 머물면서 무력에 의지하지 않고 정의와 법法으로 통치하는 전륜성왕轉輪聖王(산스크리트로 차크라바르틴Cakravartin)으로서 세계를 정복하고 지배했다.

가람은 둘레 호수環湖와 둘레 담周壁으로 에워싸여 신의 세계와 속세를 분리하고 그 안은 백성들은 들어갈 수 없는 성역聖域이었다.

앙코르 가람의 건축양식

앙코르 가람의 건축양식은 평면형, 피라미드형, 산악형의 세 가지다. 평면형은 높낮이가 없는 평지에 세운 가람으로 9세기 이전의 건축양식이다.

대표적인 평지형 가람으로 9세기의 프리아 코, 10세기 초의 프라삿 크라반이 있다.

피라미드형은 평지나 언덕 위에 기단을 쌓고 그 위에 세운 가람으로 10세기 이후에 등장한 건축양식이다. 대표적인 피라미드형 가람으로 바이욘, 타 솜, 동 메본 등이 있다.

산악형은 산이나 언덕의 정상에 세운 가람을 말하는데, 대표적인 산악형 가람으로 프놈 바켕을 들 수 있다. 평면형과 피라미드형의 두 건축양식을 혼합하여 건립한 가람이 앙코르 와트이다.

전통적으로 서양에서는 신전을 돌石造神殿로 짓고 동양에서는 가람을 나무木造伽藍로 지었다. 그러나 앙코르 유적은 가람을 돌로 지은 석조가람石造伽藍이 특징이다. 가람을 돌로 지었기 때문에 이집트나 그리스의 신전처럼 지금까지 고대 유적으로 남아있다.

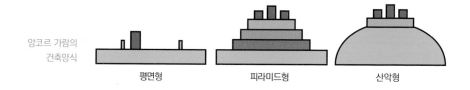

앙코르 가람의
건축양식

평면형　　　　　피라미드형　　　　　산악형

가람의 기본구조

앙코르 가람은 기본적으로 구조가 정사각형
이거나 남북보다 동서가 약간 긴 직사각형이
며 좌우대칭을 이룬다. 정면이 동쪽을 향하
고 있다. 다만 왕의 무덤을 겸한 앙코르 와트
만은 예외로 정면이 서쪽을 향하고 있다. 앙코
르 시대에는 동쪽은 생명과 창조, 서쪽은 죽
음을 상징했다.

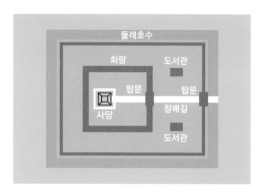

앙코르 가람의
기본 구조

앙코르 가람은 기본구조가 힌두교의 우주관을 따르고 있다. 가
람의 중심에 신들이 거주하는 우주의 중심 메루 산을 상징하는
중앙사당이 있다. 중앙사당은 높은 산맥과 무한의 바다를 상징하
는 둘레 담과 둘레 호수로 에워싸여 있다. 사당에 이르는 참배 길
이 동서남북으로 뻗어 있고 참배 길이 교차하는 중심에 중앙사당
을 세웠다.

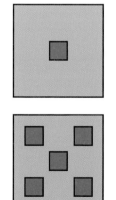

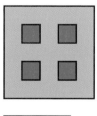
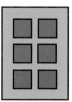

앙코르 가람의
중앙사당의 배치양식

중앙사당은 아래가 정사각형이고 위로 올라가면서 둥근기둥 모양이 돼 연꽃 봉오리처럼 생겼다. 처음에는 중앙사당에 사당이 하나만 있었다. 그러나 점차 섬겨야할 신이나 조상이 늘어나면서 그 수가 셋, 다섯, 여섯으로 늘어났다. 또 왕이 신앙하는 비슈누의 신상神像이나 시바 신을 상징하는 링가를 안치했다. 일부 가람은 부처나 왕의 선조상을 안치했다.

건축소재

앙코르의 가람에 사용된 건축소재는 견고하고 쌓기 쉬운 벽돌, 조각하기 쉬운 사암砂岩, 지반을 다지기 좋은 철분이 포함돼있는돼있는 라테라이트Laterite 1), 마감재인 회반죽, 그리고 목재 등 다섯 가지다.

앙코르 이전에는 가람이 주로 목조건축이었으나 7세기 이후 벽돌건축이 등장했다. 프리아 코, 동 메본 등이 대표적인 벽돌가람이다. 9세기 후반부터 벽돌과 돌을 함께 사용한 가람, 10세기 이후에는 내구성이 강한 사암을 주로 사용한 석조가람이 등장했다. 영원의 상징인 돌은 가람을 짓는 데만 사용하고 왕궁이나 집은 목조였다.

사암은 퇴적암으로 우리나라에서 많이 사용하는 화강암보다는 무르고 그리스 신전에 사용한 석회석보다는 단단하다. 사암은 주로 회색이었으나 붉은 색과 녹색 사암도 있다. 반타아이 스레이는 붉

---

1) 철분과 알루미늄을 함유하여 붉은 색의 홍토석. 햇빛에 건조하여 건축자재로 사용.

은색 사암, 앙코르 와트나 타 프롬은 녹색 사암, 바이욘은 회색 사암으로 지었다. 건축물이 커지면서 사암 외에 라테라이트도 함께 사용했다. 라테라이트는 인도어로 '벽돌'을 뜻한다. 이것은 열대지방에 있는 철분이 많이 포함된 적황색 흙이다. 이 흙은 일정한 크기로 잘라 햇볕에 말리면 벽돌처럼 단단해지는 특성이 있다. 주로 지반이나 기초를 닦는데 사용됐다.

목재는 주로 왕궁이나 궁전, 왕족들의 저택, 그리고 가람의 출입구나 지붕에 사용했다. 목조건축물은 모두 풍화돼 현재까지 남아 있지 않다. 회반죽은 바깥벽을 장식하는 데 사용했다. 벽의 조각에는 주로 석고를 이용했다.

앙코르 가람의 건립방법

가람을 늪지대에 건립했기 때문에 먼저 바닥의 진흙을 파낸 다음에 모래와 자갈로 메우고 다졌다. 기단은 라테라이트를 쌓아 올리고 그 바깥에 사암을 두껍게 붙이고 그 위에 돋새김을 새긴 것으로 추정된다. 그 외에 건축기술에 대한 것은 지금까지 정확히 알려진 것이 없다.

사암은 앙코르의 동북쪽에 있는 프놈 쿨렌의 채석장에서 채취하여 운반해 왔다. 걷기에는 돌에 구멍을 뚫고 밧줄로 연결하여 소나 코끼리가 육로로 끌고 왔다. 그러나 전설에 따르면 크메르인들은 돌에 눈이 있고 다리가 있어 그 많은 돌이 걸어왔다고 믿었다.

붉은 사암으로 만든
연자창

앙코르 와트 경우 1119년부터 1150년까지 31년 걸렸다. 16세부터 45세까지의 남자와 전쟁 포로가 매일 9천 명에서 1만 5천 명이 동원됐다고 한다. 이 거대한 석조 종교 건축물을 현대기술로 건립하더라도 약 100년이 걸린다고 한다.

사암으로 지은 가람 들

힌두교의 가람

앙코르 시대의 종교

08

왕에 따라 달라진 힌두교와 불교 신앙

앙코르 시대의 종교는 9세기에서 12세기 전반까지는 힌두교였다. 12세기 후반에 잠시 대승불교가 성행했다가 13세기 초에 다시 힌두교로 바뀌었다. 앙코르 시대가 끝나고 15세기 이후에는 소승불교로 바뀌어 오늘에 이른다.

기원 1세기 무렵에 인도로부터 캄보디아에 힌두교와 불교가 전래됐다. 그렇지만 두 종교는 캄보디아에 들어온 후에 토착화되어 크메르 식 힌두교와 불교가 되어 뿌리를 내렸다.

앙코르 유적에는 불교 가람 유적도 있지만, 대부분이 힌두교 가람 유적이다. 앙코르의 가람은 힌두교의 우주관에 따른 우주의 중심인 메루 산과 그 주변을 둘러싸고 있는 우주의 산맥, 바다, 대륙과 하늘의 궁전을 형상화하여 지상에 재현해 놓은 것이다. 그러기 때문에 앙코르유적의 여행에는 우리들에게 생소한 힌두교나 힌두 신화를 어느 정도 알고 여행하는 것이 도움이 된다.

비슈누 신을
바라보는 스님

힌두교의 탄생

힌두교도 불교도 고대 인도에서 창시된 종교다. 두 종교의 뿌리는
기원전 1500년 무렵, 유럽에서 서북인도로 이동해온 아리아인이 신
앙한 다신교인 브라만교^{Brahmanism}다.

그러나 브라만교는 동물을 산채로 신에게 바치는 제사와 신도의
신분계급을 지나치게 중시했고, 더욱이 브라만교 승려의 부패까지
겹쳐 민중들이 브라만교를 점차 외면하게 됐다. 이때 평등과 자비
를 바탕으로 부처의 가르침을 신앙하는 새로운 종교 불교가 탄생
했다. 기원전 6세기 무렵이었다. 그 뒤 불교가 크게 융성하자 브라

만교는 4세기 무렵에 지나치게 형식적이었던 교리를 수정했다. 그리고 고대 인도의 토착종교를 받아들이면서 변화하여 힌두교가 성립됐다.

5세기, 힌두교는 굽타 왕국(320-520)의 국교가 되어 크게 번성했다. 8세기, 인도의 민족종교가 된 힌두교는 신도수가 불교를 능가했다. 불교는 인도에서 점차 사라지고 13세기 이후 동남아에 전파돼 인도 밖에서 번성하여 세계종교가 됐다.

힌두교란

힌두교하면 사람과 동물이 혼합된 모습의 신들, 갠지스 강에서 목욕하는 신도들, 긴 수염을 기르고 깊은 명상에 잠겨있는 수도자들, 이마에 빨강 점틸락크을 붙이고 있는 여신도들, 신성한 동물로 숭배되는 소들, 죽으면 화장한 유해를 강에 흘러 보내는 장례풍습 등 우리에게 생소한 많은 것이 떠오른다.

코끼리 모습의 가네샤 신상

힌두교Hinduism는 인도국민의 대부분이 신앙하는 인도의 민족종교다. 인도교印度敎라고도 한다. 힌두Hindu는 '인더스 강'의 산스크리트어로 '큰 강'을 뜻하는 신두Sindhu에서 유래됐으며 '인도'를 가리킨다.

인도인은 태어난 후에 힌두교 신자가 되는 것이 아니다. 아예 힌두교도로 태어난다. 현재 힌두교의 신도 수가 9억 명이나 된다. 21억 명의 기독교, 13억 명의 이슬람교에 이어 세계에서 3번째로 신도가 많다.

삽화가 들어있는
힌두교의 경전 베다

힌두교는 기독교나 이슬람교처럼 유일신을 신앙하는 일신교一神
敎가 아니다. 많은 신을 신앙하는 다신교多神敎인데 그 신의 수가 3억
3천에 이른다. 힌두교에서는 기독교의 유일신이나 불교의 붓다까지
포함하여 모든 신이 힌두교 신의 화신化身으로 본다.

힌두교에는 많은 신이 있지만, 이들 신을 모두 믿는 것이 아니
다. 신도 각자의 성향과 관심에 따라 스스로 선택한 몇몇 신만 섬
긴다. 일반적으로 힌두교도들은 최고신 중 비슈누 신이나 시바 신
을 신앙한다. 그 밖에 자신이 살고 있는 '마을의 신grama demata', 자
신이 태어난 '가정의 신kula devata', 자기가 믿고 의지하는 '자기 신ista
devata'을 신앙한다.

힌두교의 특징

불교는 신이 없다. 스스로의 명상을 통해 얻는 깨달음으로 종교적
구원을 받는 명상종교瞑想宗敎다. 이에 반해 힌두교는 기독교나 이슬
람교처럼 신이 있고 그 신을 믿음으로써 종교적 구원을 받는 신앙
종교信仰宗敎다.

불교는 기독교처럼 특정민족이나 지역을 초월하여 신앙하는 세
계종교世界宗敎다. 힌두교는 유대교나 도교처럼 특정민족이나 특정지
역에서만 신앙하는 민족종교民族宗敎다. 힌두교는 기독교의 예수나
불교의 석가釋迦2)와 같은 창시자가 없고 중앙집권적인 교단조직도
없다.

---

2) 불교의 창시자. 힌두교에서는 비슈누신의 아홉 번 째 화신.

힌두교의 여러 신들

힌두교의 주요 경전으로 천계성전天啓聖典(슈루티Shruti)이라고 불리는 「베다Veda 3)」가 있다. 이것은 아리아인이 서북인도로 이동해오면서 중앙아시아 초원에서 부른 신에게 바치는 찬양가와 기도문을 모은 것이다. 다만 「베다」는 성경이나 불경처럼 권위 있는 경전이 아니다. 힌두교에는 「베다」 외에 대서사시 「마하바라타Mahabharata 4)」·「라마야나Ramayana 5)」·「바가바드 기타Bahavad gita 6)」, 힌두교의 고전서古傳書 『푸라나Purana 7)』·『마누법전Code of Manu 8)』 등의 신화·전설도 경전을 대신한다.

힌두교에는 브라만사제자, 크샤트리아왕족·무사, 바이샤서민, 수드라노예의 네 계급으로 된 독특한 신분계급제도Caste(카스트)가 있다. 이 신분계급은 정해져서 태어나며 평생 바뀌지 않는다. 불교에는 그러한 신분계급이 없고 만민이 평등하다. 힌두교도는 각자의 신분계급에 따라 지켜야할 행위규범과 의무가 정해져있다. 힌두교는 신만 믿어서는 안 되고 이 규범과 의무를 충실히 지켜야만, 종교적 구원을 얻을 수 있다.

악마 락샤사의 가면

---

3) 인도의 가장 오래된 종교 문서. 힌두교의 최고 경전. '지식'을 뜻하는 산스크리트어.
4) 기원전 5세기 인도의 비야사(Vyasa)가 쓴 고대 인도의 대서사시,
5) 기원전 4세기, 시인 발미키의 대서사시.
6) 고대 인도의 교훈집. 마하바라타의 제6권 제25~42장. 크리슈나에 의한 설법.
7) 힌두교의 기초가 되는 서민용 성전. 제5의 베타라고도 함.
8) 힌두교의 백과사전이라 일컫는 성전.

힌두교의 우주관

힌두교의 우주관에 따르면 우주는 그 중심에 황금으로 된 메루 산이 솟아있다. 그 주위에 9개의 산맥, 8개의 바다, 4개의 대륙이 있다. 메루 산을 불교에서는 수미 산^{Mt. Sumeru 9)}이라 부른다.

메루 산은 꼭대기에 신들의 왕인 인드라^{Indra 10)} 신, 그 기슭에 많은 신들이 산다. 메루 산을 둘러싸고 있는 바다는 민물바다이나 맨

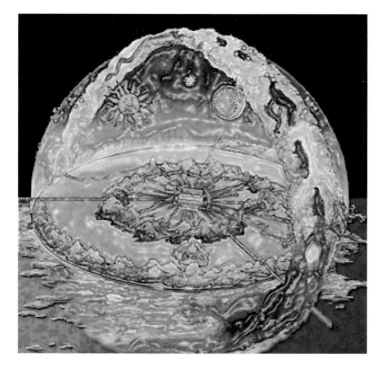

---

9) 須彌山 : 메루(Meru)라고도 불림. 세계의 중심에 있는 신들이 사는 산.
10) 고대 인도의 번개 신, 성전 『리그 베타』의 최고신, 불교의 제석천(帝釈天). 코끼리(神像)를 타고 있는 모습으로 표현.

바깥바다는 소금물바다다. 그 위에 4개의 대륙이 떠있다. 그중 맨 남쪽에 있는 대륙이 인간이 사는 대륙(지구)으로 그 중심에 바라타 바르샤Bharatavarsha(인도)가 있다.

힌두교의 사생관

힌두교에는 '업業·윤회輪廻·해탈解脫'이라는 독특한 사생관死生觀(삶과 죽음에 대한 생각)이 있다. 이에 따르면 인간은 죽어도 없어지지 않는다. 죽으면 육체는 없어지지만, 영원불변의 혼은 없어지지 않고 내세에 새로운 육체를 얻어 다시 태어난다. 이때 어떤 존재로 태어나느냐는 생전의 행위에 따라 결정된다. 그 행위가 산스크리트어로 카르마Karma 이라고 부르는 '업業'이다.

'업'에 따라 다시 죽고 다시 살아나는 생사환생生死還生이 수레바퀴 돌듯이 끊임없이 되풀이된다. 이것이 산스크리트어로 삼사라Samsara 라고 부르는 '윤회'다.

힌두교에서는 현재의 각자의 신분·계급이나 기쁨이나 슬픔, 행복이나 불행이 모두 전생에서의 각자의 행위의 결과라고 믿는다.

전생의 행위가 우주의 존재원리인 다르마Dharma 11)에 맞는 착한 행위善業(선업)였다면 내세에 현재보다 더 귀한 존재가 되어 태어난다. 그렇지 않고 악한 행위惡業(악업)였다면 더 미천한 존재가 되어 태어난다. 악업이 심했을 경우에는 내세에 사람으로 태어나지 못하고 짐승으로 태어날 수도 있다. 산스크리트어로 다르마라고 불리는 이

---

11) 영원한 법 : 도덕·진리·법칙·의무·규범을 뜻함.

법은 우주에 존재하는 영원한 법칙으로 모든 생명이 따라야할 본
질을 말한다.

　인간이 생로병사의 고통의 굴레인 '윤회'에서 완전히 벗어나는 것
을 산스크리트어로 모크샤^{Mokṣa}라고 부르는 '해탈'이다. 이것은 인간
이 윤회에서 완전히 벗어나 다시 태어나지 않는 것을 말한다. 이처럼
인간은 죽은 후에 다시 태어나지 않고 영원히 죽어 해탈을 하는 것
이 힌두교의 사생관이다. 힌두교의 업·윤회·해탈이라는 사생관은
불교도 같다. 다만 두 종교는 윤회의 주체와 해탈의 방법이 다르다.

힌두교에서의 해탈

불교에서는 명상을 통해 깨달음을 얻으면 해탈할 수 있다고 믿는다.
힌두교는 해탈의 방법으로 세 가지 길을 제시하고 있다. 첫째 선행
의무를 충실히 지켜 올바르게 살아가는 '행위의 길$^{Karma\ yoga}$', 둘째 명

명상하고 있는
수도자

상을 통해 인간의 본질인 아트만^{Atman}(자아)과 우주의 진리인 브라만 Brahman 12)이 같다는 것을 깨닫는 '지식의 길$^{Jnana\ yoga}$', 셋째 인격신에게 종교적 헌신을 하는 '믿음의 길$^{Bhakti\ yoga}$'. 이처럼 힌두교에서는 신도 각자의 고행과 요가 그리고 신에게 바치는 헌신을 통해 해탈을 한다.

'행위의 길'에는 힌두교도로서 마땅히 지켜야할 행위규범^{Dharma}(다르마)으로 종성법種姓法과 생활기법生活期法이 있다. 종성법은 브라만, 귀족, 서민, 노예가 계급에 따라 각각 지켜야할 행위규범이다.

---

12) 힌두교에 있어서 우주작용의 근본 원리.

갠지스 강에서
기도하고 있는 인도여인들

생활기법은 인간으로서의 이상적인 삶을 위해 지켜야할 사회적 규범이다. 생활기법은 25년씩 학생기, 가장기, 은둔기, 유행기의 네 생활시기로 나눈다. 생활기법에 따르면 학생기學生期에는 12살에 성인식을 마친 뒤 부모를 떠나 스승의 집에 머물며 학문을 배워 앞으로의 삶을 준비한다. 가장기家長期에는 가업에 종사하고 결혼하여 자손을 낳고 신과 조상을 모시며 가정과 공동체의 일원으로서 책임을 수행한다. 은둔기隱遁期에는 가정을 떠나 은둔자로서 금욕과 명상의 생활을 한다. 유행기遊行期에는 세속과 관계를 완전히 끊고 현세의 삶을 포기한 채 고행자의 생활을 하면서 오직 해탈만을 추구한다.

힌두교의 최고신 브라흐마·비슈누·시바

힌두교의 신과 신화

01

3억 3천이 넘는 신들 그들의 이야기

다신교인 힌두교는 이 세상의 모든 신이 힌두교의 신이라고 할 정도로 신이 많다. 그중 우주의 창조신 브라흐마Brahma 13), 수호신 비슈누Vishnu 14), 파괴신 시바Shiva가 힌두교의 최고신으로 세신이 트리무르티Trimurti 즉 삼신일체三神一體를 이룬다.

원숭이 장군 하누만의 가면

힌두교의 3대 최고신

힌두교의 우주관에 따르면 우주는 창조-유지-파괴-재창조를 되풀이한다. 브라흐마 신이 우주를 창조하면 비슈누 신이 그 우주를 유지·발전시킨다. 그러다가 우주의 수명이 다되면 시바 신이 그 우주를 파괴하고 새로운 우주를 재창조한다. 일신교에서는 유일신이 혼

---

13) 우주의 창조신. 불교의 범천(梵天).

14) 우주의 유지나 구제의 신. 인간의 수호자로 여러 화신의 모습으로 행동함.

자서 우주를 창조·유지·파괴·재창조하지만, 힌두교에서는 세 최고 신이 각각 역할을 분담한다.

브라흐마 신은 우주의 창조신이다. 우주의 근본원리인 브라만이 신격화 된 신이다. 신화에 따르면 우주가 시작될 때 브라흐마 신은 비슈누 신의 배꼽에서 태어나 우주를 창조했다고 한다.

이 신은 인도 북부의 아브 산^{Mt. Abu}에 거주하며 동서남북을 향한 4개의 얼굴과 4개의 팔을 가졌다. 팔에는 각각 염주, 성전, 활, 불멸의 생명수 암리타를 갖고 백조 함사^{Hamsa 15)}를 타고 다닌다.

브라흐마 신의 아내는 배움의 여신 사라스바티^{Sarasvatī 16)}다. '사바스^(호수)를 가진 여신'이라는 뜻이다. 지금은 인도에서 브라흐마 신을 신앙하는 신도가 거의 없다. 인도 전역에 브라흐마 신을 모신 가람도 4개뿐이다.

비슈누 신은 우주의 유지신이다. 이 신은 악을 없애고 정의를 실현하여 우주를 지킨다. 세상에 악이 나타나면 화신^{化身}을 내려 보내어 물리친다. 비슈누 신은 우주의 중심인 메루 산의 동쪽에 있는 만다라 산^{Mt. Mandara 17)}에 거주한다.

힌두교 최고의 신
브라흐마 신상

15) 브라흐마 신이 타고 다니는 신성한 백조.
16) 브라흐마 신의 신비. 지식과 학문의 여신.
17) 힌두신화에 나오는 성산.

　이 신은 검푸른 색의 몸에 4개의 팔을 가졌다. 사람의 얼굴과
몸에 독수리의 머리·날개·발톱을 가진 신조神鳥 가루다Garuda를 타
고 다닌다. 오른쪽 두 팔에는 힘을 상징하는 원반과 곤봉, 왼쪽
두 팔에는 주술을 상징하는 소라고둥과 연꽃을 갖고 있다. 비슈누
신의 아내는 행복의 여신 락슈미Lakshmi, 별명 여신 슈리Shri로도 불
린다.

　시바 신은 우주의 파괴신이다. 이 신은 춤추면서 우주를 파괴
하여 소멸시키고 새로운 우주를 창조한다. 히말라야의 카일라사

시바 신의 상징 링가
-프놈펜 국립박물관

산^{Mt. Kailasa 18)}에 거주한다. 시바 신이 지상에 인간으로 나타난 것이 앙코르 왕국의 신왕이다. 시바 신은 신상^{神像}보다는 만물을 창조해내는 생명력의 상징인 링가^{男根石(돌기둥)}로 표현된다.

시바 신은 4개의 얼굴과 10개의 팔을 가졌다. 두 눈 사이에 지혜의 눈인 '제3의 눈'이 있다. 시바 신이 이 눈을 뜨면 세상이 멸망한다고 한다. 우주를 창조할 때 뱀의 독을 마셔 목이 검푸르다.

시바 신은 머리에 신성한 강이 흐르는 초승달을 이고 있다. 손에는 삼지창을 들고 호랑이 가죽을 걸치고 황소 난디^{Nandi}를 타고 다닌다. 시바 신의 아내는 우아한 여신 파르바티^{Parvati 19)}, 별명 우마이다. 그 밖에 전쟁의 여신 두르가^{Durga 20)}와 파괴의 여신 칼리^{Kali 21)}가 있다. 시바 신의 머리 밑에서 갠지스 강이 탄생했다고 믿기 때문에 힌두교도들은 그 물을 마시고 목욕을 하면 죄를 씻게 된다고 믿는다.

---

18) 시바 신이 사는 히말라야 산맥의 산. '수정'이라는 뜻.
19) 시바 신의 아내. 시바 신의 삼지창을 가지고 연꽃 위나 사자를 타고 나타남. 우마라고도 함.
20) 인도의 가장 위대한 여신. 시바 신의 아내. 물소의 모습을 하고 악마와 싸우는 전쟁의 여신.
21) 시간의 여신, 흑색의 여신. 시바 신의 아내 중 하나. 죽음을 뜻하는 말.

비슈누 신의 화신들

비슈누 신은 우주의 질서가 무너질 위기에 놓이면 비슈누의 열 화신化身, Ten Aavatar of Vishnu으로 모습을 바꾸어 지상에 내려와 우주를 구제한다.

비슈누 신의 첫째 화신은 마츠야Matsya22)로 우주를 창조하면서 일어난 대홍수 때 최초의 인간 마누Manu를 구제한 큰 물고기, 둘째 화신은 쿠르마Kurma로 우유바다를 저어 묘약 암리타를 만들 때 만다라 산을 등으로 떠받친 거북이, 셋째 화신은 바라하Varaha로 악마가 바다 밑에 가라앉힌 대지를 구해낸 멧돼지, 넷째 화신은 나르심하Narsimha로 악마 히란냐약사Hiranyaksha를 죽인 반인반수

비슈누신의 여덟째 화신
크리슈나 여신상

의 사자, 다섯째 화신은 바마나Vamana로 세 걸음으로 삼계(천계·지계·인계의 세 세계)를 지배하여 악마 왕 발리Barley를 굴복시킨 난장이, 여섯째 화신은 파라슈라마Parashurama로 무력으로 다스리는 크샤트리아계급을 말살하고 브라만계급이 다스리는 세상으로 바꾼 영웅, 일곱째 화신은 라마Rama로 원숭이 장군 하누만Hanuman의 도움으로 악

---

22)   비슈누 신의 첫째 화신. '생선'이라는 뜻. 최초의 인간 마누를 구한 물고기.

비슈누 신의 화신들

마를 타파하고 신비 시타Sita를 구출한 「라마야나」 신화의 영웅, 여덟째 화신은 크리슈나Krishna로 악마 왕을 무너뜨리고 우주에 행복을 가져다준 「마하바라타」 신화의 영웅, 아홉째 화신은 붓다Buddha로 사람들이 올바른 삶을 살도록 인도한 불교의 창시자, 그리고 열째 화신은 칼키Kalki로 세기의 종말에 악마들을 몰아내고 황금시대를 다시 가져 오는 구세주이다.

지금까지 아홉째 화신까지 사바세계에 나타났다. 마지막 화신 칼키가 백마를 타고 나타나면 세상이 멸망하고 다시 새로운 세상이 시작된다고 한다.

비슈누 신의 화신 중에서는 유명한 화신은 라마와 크리슈나이다. 라마는 대서사시 「라마야나」의 영웅이고 크리슈나는 대서사시 「마하바라타」의 영웅이다.

힌두교의 신화

힌두교는 신이 많다보니 신화도 많다. 힌두신화 중에서 앙코르 유적에 등장하는 대표적인 신화는 창세신화 「우유바다 젓기」, 건국신화 「마하바라타」, 권선징악의 신화 「라마야나」이다. 앙코르 유적의 곳곳에 이들 신화가 장식돼있다. 반티아이 스레이에는 「라마야나」 신화, 앙코르 와트에는 「마하바라타」, 「라마야나」, 「우유바다 젓기」 신화가 장식돼있다. 앙코르 유적을 여행할 때는 힌두신화 중에서도 「마하바라타」과 「라마야나」의 두 신화를 읽고 여행하기를 권하고 싶다.

「마하바라타」와 「라마야나」는 고대 인도의 2대 대서사시이다. 「마

신화「마하바라타」의
쿠루크쉐트라 전투 장면

하바라타」은 18권에 10만 송(송은 16음절 2행의 시)으로 구성돼있다. 1-5권은 전쟁이 일어나기까지의 과정, 6-10권은 핵심인 전쟁 이야기, 11-18권은 전쟁이 끝난 뒤 전승한 왕자가 죽기까지의 이야기로 구성돼있다.

「라마야나」는 7권에 2만 4천 송으로 구성돼있다. 「마하바라타」는 호메로스의 대서사시 「일리아스 Iliad」와 「오디세이아 Odyssey」의 약 7배나 된다.

창세신화 「우유바다 젓기」

「우유바다 젓기」는 힌두교의 대서사시 「마하바라타」의 제6권 「바가

바드 기타」와 성전 「푸라나」에 나오는 창세신화다. 이 신화는 앙코르 와트와 바이욘의 제1회랑, 앙코르 톰과 프리아 칸의 참배 길, 바콩의 중앙에 장식돼있다.

이 신화에 따르면 태초에 이 세상에는 오래 동안 서로 적대관계에 있는 신과 악마 아수라가 살았다. 그러다 비슈누 신의 권고로 싸움을 중단하고 불로불사의 묘약 암리타를 얻기 위해 서로가 힘을 합친다. 비슈누 신이 큰 거북이 쿠르마로 변신하여 바다로 들어가 등으로 떠받친 만다라 산을 5개의 머리를 가진 큰 뱀 바수키^{Vasuki}로 묶는다. 뱀의 몸통을 밧줄로 하여 머리 부분을 92명의 악마가, 꼬리 부분을 88명의 신이 잡고 천년 동안 바다를 저었다.

그러자 바다가 우유바다로 변하고 그 속에서 1천 개의 광선을 가진 태양, 은은한 빛을 가진 달이 솟아오르면서 천지가 창조됐다. 이어서 비슈누 신의 신비가 된 행운과 미의 여신 락슈미가 연꽃 위에 앉아 탄생했다. 천상의 요정 압사라^{Apsaras 23)}, 인드라 신이 타고 다니는 아라바라라고 불리는 코끼리, 5개의 머리를 가진 신마^{神馬}도 탄생했다. 맨 마지막에 신비의 묘약 암리타^{Amrita(감로수甘露水)}가 나타났다. 암리타는 산스크리트어로 '불로불사'를 뜻하며 고대 인도 신화에 나오는 생명수다.

이렇게 얻은 암리타를 공평하게 나누어 갖자는 애초의 약속을 잊어버리고 신들과 아수라들이 서로 가지려고 싸움을 벌인다. 이

---

23) 천계의 요정인 천녀(天女). 우유바다를 젓다가 탄생. 신들을 즐겁게 해주기 위해 노래하고 춤 추는 역할을 함.

창조신화 「우유바다 젓기」를
하고 있는 아수라 왕과 아수라들

싸움에서 비슈누 신의 도움으로 신들이 승리하여 암리타를 갖는
다. 이때부터 신들은 불사의 존재가 되고 아수라는 악마가 됐다는
이야기이다.

건국신화 「마하바라타」

「마하바라타」 신화는 기원전 10세기 무렵, 북인도에서 일어난 쿠루
왕국의 판다바 왕족과 카우라바 왕족 사이에 벌어진 권력쟁탈을
위한 전쟁이야기다. 앙코르 와트의 제1회랑과 바푸온의 둘째 동탑
문에 전투장면이 돋새김 돼있다.

「마하바라타」의 핵심인 전쟁 이야기는 이러하다. 옛날 고대 인도
의 쿠루 왕국의 왕 바라타^{Bharata}에게 형인 드리타라슈트라^{Dhritarash-}
^{tras}와 동생인 판두^{Pandu}의 두 왕자가 있었다. 형이 눈이 멀었기 때문
에 동생이 왕이 돼 나라를 다스렸다. 판두에게는 다섯 왕자가 있었
는데 이들을 판다바 왕족^{Pandavas}이라 불렀다. 드리타라슈트라에게
는 100명의 왕자가 있었는데 이들을 카우라바 왕족^{Kauravas}이라 불
렀다.

판두 왕이 죽자 드리타라슈트라가 왕이 됐다. 그러나 결국 두 왕
족은 갈라져 각각 나라를 세우고 다스렸다. 판다바 왕족의 나라가

더 번성하자 이를 못마땅하게 여긴 카우라바 왕족은 판다바 왕족과 쿠루크쉐트라Kurukshetra(지금의 뉴델리 근처)에서 싸움을 벌였다. 18일 동안 계속된 싸움 끝에 판다바 왕족이 승리했다. 그러나 승패에 관계없이 마지막에는 두 나라가 모두 멸망하고 왕족들도 모두 죽고 만다는 이야기다.

이 대서사시는 두 왕족의 불화로 일어난 싸움 끝에 승자와 패자가 나왔지만, 결국 모두 죽고 만다는 세상만사의 무상함과 전쟁의 무의미함과 욕망의 헛됨을 강조하고 있다.

「마하바라타」에는 이 전쟁 이야기 외에 신화·전설·종교·철학·도덕에 관한 많은 이야기가 삽화와 함께 들어있다. 그중 유명한 것이

신화 「라마야나」의
전투 장면

죽음의 신 야마^{Yama 24)}를 설득하여 남편을 살려내어 여인의 모범을 보여준 「사비트리^{Savitri} 이야기」, 아름다운 「날라^{Nala} 왕의 사랑이야기」, 해탈을 하려는 사람이 지켜야 할 행위^(업)를 밝힌 「바가바드 기타」 등이 있다. 이들은 후세의 사상과 문학에 많은 소재를 제공하고 인도국민의 정신생활에 많은 영향을 주고 있다.

권선징악적 신화 「라마야나」

「라마야나」 신화는 기원 전 3세기 무렵, 고대 인도의 시성^{詩聖} 발미키^{Valmiki}가 쓴 대서사시로 코살라^{Kosala} 왕국의 라마 왕자의 모험담을 담은 이야기이다. 「라마야나」는 '라마 왕의 일대기'란 뜻으로 라마 왕자를 통해 모든 왕들이 본받아야할 군주의 자세를 제시하고 있다. 라마 왕자를 비슈누 신의 일곱째 화신으로 신앙하고 있다.

「라마야나」 신화의 핵심은 랑카 전투^{Battle of Lanka}이다. 영웅 라마 왕자가 원숭이 장군 하누만의 도움을 받아 악마 왕 라바나^{Ravana 25)}와 싸워 유괴된 아내 시타를 구출하는 이야기다.

옛날 갠지스 강 북쪽 기슭의 코살라 왕국의 다사라타 왕은 아들이 없었다. 비슈누 신의 도움으로 왕은 세 왕비 사이에서 라마, 바라타, 사트루그나의 왕자를 얻는다.

왕은 가장 유능한 라마 왕자를 후계 왕으로 정했다. 그러나 왕이 가장 총애한 왕비의 강요로 후계자가 바라타 왕자로 바뀐다. 그

---

24) 죽은 자의 신. 인간의 생전의 선악을 심판하는 명계의 지배자. 염라대왕.
25) 열 개의 머리와 스무 개의 팔을 가진 랑카 왕국의 나찰왕(羅刹王). 비슈누 신의 화신 라마에게 살해됨.

뒤 라마 왕자는 왕국을 떠나 왕자비 시타와 함께 숲을 떠돌며 숨어 살았다. 그러던 중 아름다운 왕자비에 반한 악마 왕 라바나는 시타를 납치하여 랑카^{Lanka 26)}로 데려갔다.

시타를 찾으러 나선 라마 왕자는 원숭이 장군 하누만의 도움을 얻어 바다를 건너 랑카로 쳐들어갔다. 악마 왕 라바나와 격전 끝에 라마왕자는 시타를 구출해 냈다.

그러나 라마 왕자는 시타가 라바나에 붙잡혀있는 동안 몸을 더럽혔다고 의심하고 다시 아내로 받아들이지 않았다. 시타는 자신의 순결을 증명하기 위해 불 속으로 뛰어 들어 죽으려했다. 불의 신火神의 도움으로 살아난 시타는 결백함도 증명돼 라마 왕자와 함께 코살라 왕국으로 돌아갔다. 그러나 시타는 여전히 국민들이 그녀의 순결을 의심하고 있는 것을 알고 슬퍼하여 다시 숲으로 들어가 결국 죽고 만다.

이 신화는 라마왕자를 통해 이상적인 인간상을 그려내고 또한 선을 권장하고 악을 징벌하는 권선징악勸善懲惡적인 내용을 담고 있다. 라마는 인도인들에게 이상적인 남성이다. 인도인들은 라마를 신으로 숭배하고 있다. 이 이야기에 나오는 하누만은 중국 명나라 때의 장편 소설『서유기西遊記』의 주인공인 원숭이 손오공孫悟空의 모델이 되었다고 한다.

---

26) 악마의 왕 라바나가 다스리는 나라. 지금의 스리랑카.

신화 『라마야나』의 원숭이 군의 전투장면

ANGKOR WAT

하늘의 궁전 앙코르 와트 유적

연못에 비쳐 수상궁전같은 아름다운 앙코르 와트

신비의 앙코르 와트

지상에 재현해 놓은 하늘의 궁전

앙코르 유적 여행의 하이라이트는 세계 최대의 석조가람 유적 앙코르 와트Angkor Wat다. 크메르어로 앙코르는 '도시', 와트는 '가람'을 뜻한다. 앙코르 유적의 관광거점 시엠립에서 북쪽으로 6.5㎞쯤 떨어진 밀림 속에 힌두교의 대가람 유적 앙코르 와트가 자리한다.

대가람의 중심에 연꽃 봉오리 모양의 다섯 사당이 탑처럼 솟아 있고 그 주위를 3중회랑과 둘레 담周壁과 둘레 호수邊湖가 에워싸고 있다. 대가람 전체가 기하학적 좌우대칭을 이루며 피라미드 모양으로 솟아있다.

앙코르 와트는 그 모습이 앞에서 보면 물 위에 떠있는 수상궁전水上宮殿, 멀리서 보면 밀림 속에 솟아있는 성채城砦, 높은 곳에서 보면 하늘에 떠있는 공중누각空中樓閣같다. 해 뜰 새벽녘이나 해질 황혼녘에는 첨탑의 실루엣이 환상적으로 떠올라 무척 신비롭다.

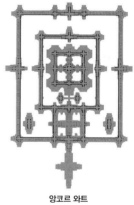

앙코르 와트

앙코르 와트는 원래 힌두교 가람으로 지었다. 왕이 죽은 뒤 왕의 영혼을 모신 영묘靈廟가람이 됐다가 15세기에 불교 가람으로 바뀌었다. 지금은 인도네시아의 보로부두르Borobudur, 미얀마의 바간Bagan과 함께 세계 3대 불교 유적의 하나다.

영원한 신의 세계를 상징하는 건축

앙코르 와트는 힌두교의 우주를 축소·형상화 하여 지상에 재현해 놓은 석조 종교 건축물이다. 힌두교의 우주관에 따라 대가람의 중심에 솟아 있는 중앙사당은 신들이 사는 우주의 중심 메루 산, 대가람을 에워싼 둘레 호수와 담은 히말라야 연봉과 무한한 우주의 바다를 상징한다.

힌두교의 우주관을 상징하는 둘레 호수, 둘레 담, 탑 사당

회랑은 힌두신화를 들려주는 신화극장으로 돋새김이 정교하게 장식돼있다. 7개의 머리를 가진 뱀 신 나가의 동체로 장식된 참배 길은 불로불사의 상징으로 신과 인간을 잇는 무지개를 표현하고 있다. 앙코르 와트는 힌두교의 3대 최고신의 하나인 비슈누 신의 신전이다. 힌두교에서 비슈누 신은 태양을 신격화 한 신이다. 앙코르 와트는 태양의 신 비슈누를 위한 '태양의 신전'이다. 아침마다 동쪽 하늘에 신비롭게 솟아 있는 중앙사당 위로 태양이 떠오른다. 이 대가람을 건립한 수리야바르만 2세의 수리야^{Surya 1)}도 '태양'을 뜻하며 바르만은 '대왕'을 뜻한다.

---

1) 태양신. 일곱 말이 끄는 마차를 탄 모습으로 나타남.

프놈 바켕에서 본
숲 속의 앙코르 와트

신왕 수리야바르만 2세가 건립

앙코르 와트는 앙코르 왕국의 전성기인 12세기 초에 제18대 왕 수리야바르만 2세가 건립했다. 치열한 왕위계승전쟁 끝에 왕에 오른 수리야바르만 2세는 앙코르 와트를 1113년에 착공하여 37년이 걸려 1150년에 완공했다.

제1회랑의 남벽의 서쪽에 진군하는 코끼리 위에 위풍당당하게 앉아 부하들을 지휘하고 있는 왕의 모습을 볼 수 있다. 왕은 힌두교의 최고신 비슈누를 신앙했을 뿐만 아니라 스스로를 그의 화신인 데바라자^(신왕)이라고 했다.

수리야바르만 2세는 앙코르 왕국에서 가장 위대한 왕으로 참파를 점령하여 국토를 크게 확장했다. 그 밖에도 반티아이 삼레, 벵 밀리아 등의 가람을 건립했다.

앙코르 와트의 정면

앙코르 와트의 건립 전설

전설에 따르면 앙코르 와트는 힌두신화에 등
장하는 하늘 세계의 신들의 왕인 인드라 신이
아들의 요청으로 건축사 비슈누로카Vishnuloka
를 지상에 내려 보내 건립한 것으로 전해지고
있다.

앙코르 와트의
관광용 기구

　전설은 이러하다. 불력佛曆 600년(서기 57년) 무렵,
중국에 가난한 농부가 살았다. 어느 날 하늘
에서 다섯 여신이 내려와 연꽃이 곱게 핀 그의
화원에서 즐거운 하루를 보냈다. 그중에는 인
드라 신의 딸도 있었다. 여신들은 하늘로 돌아
가면서 연꽃을 꺾어 몰래 가져갔다. 이를 안 농
부의 분노가 하늘에까지 뻗쳤다. 이에 당황한
인드라 신은 그를 달래기 위해 딸을 지상으로
보내어 그와 결혼을 시켰다. 그 사이에서 아들
비슈누로카가 태어났다. 그는 하늘 세계로 올
라가 훌륭한 건축가가 됐다.

　한편 인드라 신에게는 지상에서 태어난 다른 아들이 있었다. 인
드라 신이 그를 하늘로 데려갔으나 신들의 반대로 지상으로 돌려보
내게 됐다. 인드라 신은 아들의 요청으로 건축가 비슈누로카를 함
께 보내어 천상의 궁전을 본 딴 궁전을 지상에 지었다. 이렇게 탄생
한 것이 앙코르 와트이고 궁전을 지상에 짓도록 요청한 아들이 수
리야바르만 2세라고 한다.

신비로운 앙코르 와트의 일출로 어둠이 걷히면 붉은 새벽하늘을 배경으로 연못과 수해樹海 위로 신비로운 앙코르 와트의 다섯 첨탑이 떠오른다. 낮에는 뜨거운 태양 아래 짙푸른 하늘이 가라앉은 연못에 대가람의 자태가 아름답게 비친다. 해질 무렵에는 황혼에 대가람이 황금색으로 빛나 화려한 자태를 뽐낸다.

계절에 따라, 시간에 따라, 보는 방향에 따라, 그리고 시시각각으로 변하는 햇빛의 강도에 따라 그 모습과 색상이 달라지는 앙코르 와트는 여행자들을 흠뻑 매료시켜 오래 머물게 한다.

해뜰 무렵의 앙코르 와트를 감상하기 위해서는 새벽 4시에 호텔을 떠나 대가람의 호수 가에서 기다려야한다. 이른 시간인데도 새

앙코르 와트의 일출을
보려는 관광객들

벽하늘에 신비롭게 떠오르는 태양을 보기위해 관광객들이 발을 디딜 틈 없이 붐빈다.

해질 무렵의 아름다운 앙코르 와트를 감상하기 위해서는 가까이에 있는 작은 산 프놈 바켕에 올라가 보면 수해 속에 붉게 타오르는 앙코르 와트가 장관이다. 산의 높이가 70㎡밖에 안되지만 오르는 길이 매우 가파르기 때문에 코끼리를 타고 올라가는 것이 좋다.

기구를 타고 하늘로 올라가서 앙코르 와트의 전경을 볼 수도 있다. 기구는 밧줄로 묶여 있어 아래 위로만 오르내린다. 기구가 상공에서 머무는 동안에 앙코르 와트와 그 주변의 아름다운 경관을 한눈에 감상할 수 있다.

우주의 중심 수미 산을 상징하고 있는 앙코르 와트의 중앙사당

앙코르 와트의 구조

11

힌두교의 대가람 – 크메르 석조 건축예술의 극치

앙코르 와트는 넓은 숲속에 둘레 호수와 담, 참배 길, 삼중회
랑, 좁고 가파른 계단, 그리고 중앙에 탑처럼 높게 솟아있는
다섯 사당으로 이루어져있다.

전체 규모가 60만 평으로 여의도와 비슷하다. 사용된 돌이 이집
트의 쿠푸 왕의 대피라미드와 맞먹어 서양인들은 앙코르 와트를 '동
양의 피라미드'라고 부른다.

입구에서 중앙사당까지의 거리가 750m이다. 앙코르 와트의 일반
적인 관광코스를 따라 정면 입구를 출발하여 둘레 호수를 건너 정
문 서탑문을 지나 제1회랑의 돋새김을 둘러본다. 그리고 십자회랑
과 제2·제3회랑 을 거쳐 중앙사당까지 갔다 입구까지 돌아오면 그
거리가 3㎞나 된다.

앙코르 와트는 대가람 전체가 좌우대칭으로 평면배치 돼있고 사
당이 피라미드 모양으로 높이 수직으로 솟아 있어 석조 건축물 전

매력이 넘치는 앙코르 와트의 데바타 상

체가 상승감과 안정감이 절묘하게 균형을 이룬다. 수평으로 너무 넓다보니 수직적 크기를 실감하기가 어렵다. 그렇지만 4개의 작은 사당의 중심에 솟아 있는 중앙사당은 그 높이가 65m로 4층 건물의 높이에 해당한다.

지금은 대가람이 진한 회색으로 바래있지만, 원래는 황금색으로 도금이 돼있어 매우 화려했다. 앙코르 와트는 대가람의 구조와 균형이 완벽하며 조각과 돋새김이 정교하고 장려하게 장식돼있어 크메르 석조 건축예술의 극치를 이룬다.

대가람을 에워싸고 있는 둘레 호수는 동서로 1,500m, 남북으로 1,300m에 폭이 190m로 호수면적이 약 27만 평에 이른다. 호수의 안쪽에 동서 1,030m, 남북 840m의 라테라이트로 된 둘레 담이 에워싸고 있다. 그 안에 작은 방이 260개나 된다.

앙코르 유적의 가람들은 정면이 해가 뜨는 동쪽을 향하고 있다. 그러나 앙코르 와트만은 비슈누 신을 모신 힌두교의 대가람인 동시에 왕이 죽은 뒤에는 무덤으로 사용할 분묘가람墳墓寺院이었기 때문에 예외로 서쪽을 향하고 있다. 앙코르 와트의 전체 모습이 제1회랑의 남벽의 서쪽에 돋을새김 돼있다.

참배 길과 서탑문

심하상(사자상)과 나가상이 지키고 있는 정면 입구에서 앙코르 와트의 정문 서탑문까지 참배 길이 곧게 뻗어 있다. 그 길이가 350m나 된다. 참배 길의 중간에 둘레 호수가 있고 호수에 폭 15m, 길이 200m의 사암으로 만든 돌다리가 걸려있다. 다리를 건너면 바로 서탑문이다.

앙코르 와트의
둘레 호수

참배 길의 양쪽 난간이 뱀 신 나가의 몸통으로 장식돼있다. 그 끝에
일곱 머리를 가진 나가상이 앙코르 와트를 지키고 있다.

중앙사당은 신성한 장소이다. 그러기 때문에 입구나 참배 길에서
는 보이지 않는다. 정문 서탑문을 지나야 비로소 중앙사당을 비롯
하여 앙코르 와트의 전체 모습이 보인다.

대가람을 둘러싸고 있는 높이 4.5m의 라테라이트 둘레 담에 8
개의 탑문이 있다. 동, 남, 북쪽 둘레 담에 각각 폭 59m의 탑문이
한 개씩, 서쪽 둘레 담에 5개의 탑문이 있다. 그중 중앙에 있는 폭
230m의 탑문이 정문 서탑문이다. 서탑문에는 중앙에 왕만이 다닐

앙코르 와트의 정문 서탑문을
향해 뻗어있는 참배 길

수 있는 중앙탑문이 있고 그 곁에 백성들이 드나드는 곁문이 2개 있
다. 그리고 서쪽 둘레 담의 양쪽 끝에 코끼리를 타고 드나들 수 있
는 '코끼리의 문'이 있다. 이 문은 앙코르 왕국의 코끼리부대가 전쟁
에 나가거나 이겨서 돌아 올 때 사용하는 개선문이다.

제1회랑과 십자회랑

서탑문을 들어서면 속세에서 신의 세계로 들어가는 느낌을 받는
다. 서탑문에서 대가람의 제1회랑까지 폭 9.5m, 길이 475m의 참
배 길이 뻗어있다. 참배 길의 좌우에 각각 도서관과 연못이 있다.

도서관은 힌두교의 경전이나 의례에 사용할 제기나 귀중품을 보관
했던 건물이다.

　　연못은 16세기에 만든 성지聖池로 연꽃이 예쁘게 피어있다. 참배
길 끝에 있는 높이 8m의 돌계단을 올라가면 제1회랑이 나온다. 이
돌계단의 양쪽에는 몸매가 날씬하고 궁둥이가 예쁜 네 마리의 사
자상이 올려져있다.

　　제1회랑은 중앙사당을 에워싸고 있는 3중회랑 중 맨 바깥에 있
는 가로 215m, 세로 187m, 전체 길이 760m의 천장이 덮인 복도다.
제1회랑의 벽은 힌두신화와 앙코르의 역사를 담은 대벽화로 장식
돼있다.

앙코르 와트의 서문탑과
제1회랑

백성들은 제1회랑까지만 들어갈 수 있었고 제2회랑부터는 왕과
일부 고승들만 들어갈 수 있었다.

제1회랑과 제2회랑 사이에 십자회랑이 있다. 이 회랑은 기둥이
십자형으로 배치돼있고 동서남북에 4개의 작은 실내연못이 있다.
앙코르 유적들 중에서 앙코르 와트에만 가람 안에 연못이 있다.

'영광의 단상^{壇上}'이라고 불리는 이 십자회랑은 왕이 종교의식을
참관하거나 외국사신을 맞이할 때 사용했다. 십자회랑의 남쪽에 있
는 프리야포안이라고 불린 '천체의 불상의 방에 많은 불상이 있었
다. 폴 포트 시대에 대부분이 파괴되고 지금은 머리가 없는 불상들
이 남아있다. 십자회랑은 해질 무렵이 매우 아름답다.

중앙사당에서 내려다 본
제2회랑

앙코르 와트 중앙탑

하늘의 궁전 앙코르 와트 유적

제2·제3회랑과 중앙사당

십자회랑을 지나 계단을 올라가면 제2회랑으로 연결된다. 동서 115m, 남북 100m의 제2회랑은 창이 없어 내부가 어둡다. 벽면에 장식도 없다. 회랑에 몇 개의 불상이 안치돼있을 뿐이다.

제2회랑의 벽에 기하학적으로 아름다운 연자창連子窓있고 바깥벽의 사이사이에 데바타 상이 장식돼있다. 소박한 모습의 데바타 상이 몇 명씩 함께 있는 것이 특징이다.

한 변이 60m의 제3회랑은 그 높이가 13m나 된다. 제3회랑에서 중앙사당으로 올라가는 계단이 모두 12개가 있고 각 계단의 경사가 70도나 된다. 33단이나 되는 가파른 계단을 기어서 올라가야 한다. 이 계단은 신에 이르는 길이라 겸허하게 몸을 낮추어야 한다는 것을 말해주는 것 같다.

제3회랑은 분위기가 매우 밝다. 마치 하늘 위에서 속세를 내려다보는 구조이며 주변이 숲으로 덮여 있어 매우 아름답다. 제3회랑의 네 모퉁이에 작은 사당이 있고 가운데 높이 65m의 중앙사당이 솟아있다. 중앙사당은 비슈누 신이 거주한 신성한 장소로 왕과 사제만이 출입할 수 있었다. 중앙사당에는 금빛 찬란한 비슈누 신상과 그 아래 대좌 밑에 앙코르 와트를 건립한 수리야바르만 2세의 유골이 안치돼있었다.

데바타 상와 압사라 상

앙코르 와트의 가장 큰 매력은 완벽한 좌우대칭에 피라미드형으로 솟아있는 석조가람의 장려한 모습이고 그 다음이 제1회랑의 돋새

앙코르 와트
제2회랑 외벽의 연자창,
데바타 상

김, 그리고 벽의 데바타 상과 압사라 상이다. 압사라는 산스크리트
어로 '천녀天女', 데바타는 크메르어로 '여신'을 뜻한다.

데바타는 신을 공양하는 지위가 낮은 여신이다. 압사라는 신전
에서 신을 즐겁게 하기 위해 춤을 추거나 음악을 연주하는 요정이
다. 힌두교의 창세신화에 따르면 신들이 불로장수의 묘약 암리타를
만들기 위해 천 년 동안 우유바다를 휘저었을 때 여러 생명체와 함
께 6억 명의 데바타와 압사라가 태어났다고 한다.

앙코르 유적에 모두 2,300체가 넘는 데바타 상과 압사라 상이 있
으며 그중 1,700체가 앙코르 와트에 있다. 중앙사당의 입구 벽에 있
는 데바타 상과 반티아이 스레이의 데바타 상이 가장 유명하며 타

프롬, 프리아 칸에도 장식돼있다.

데바타나 압사라 상은 매우 이지적이며 또한 매우 육감적이다. 하나하나의 크기, 용모, 얼굴표정, 머리모양, 손의 움직임, 옷, 관, 가슴장식, 팔찌, 허리의 벨트가 모두 다르다.

머리에 쓴 화려한 꽃모양의 관의 뾰족한 끝이 다른 가람의 데바타 상은 셋인데 앙코르 와트의 데바타 상은 다섯이다. 가운데 셋은 브라흐마, 시바, 비슈누 신을 상징하고 있는데 머리를 여러 갈래로 길게 땋아 내렸으며 화려한 목걸이를 두른 목 아래에 둥근 유방이 풍만하다. 잘록한 허리에 볼륨감이 넘치는 몸매에 상반신은 얇은 옷을 걸치고 있거나 아무것도 걸치지 않고 있다.

아름다운 앙코르 와트의 데바타들

하반신은 속이 들여다보이는 얇은 치마를 걸치고 있다. 우아한 곡선미를 강조한 날씬한 허리에는 장식이 있는 허리띠, 팔과 다리에는 화려한 팔찌와 발찌를 하고 있다. 발은 맨발이며 손과 귀에는 반지와 귀걸이를 하고 있다. 데바타나 압사라 상은 풍만한 가슴을 지니고 각선미가 돋보이는 것이 마치 살아 움직이는 듯하다.

데바타나 압사라 상은 힌두신화를 춤으로 표현한 것이다. 데바타나 압사라 춤의 동작은 크게 축생계, 인간계, 천계로 나누어지고 동작이 2천 개가 넘는다. 압사라 춤은 유네스코의 세계무형문화유산으로 지정돼있다.

프랑스의 조각가 로댕은 1906년 파리공연에서 캄보디아 무희들의 압사라 댄스를 보고 매료돼 그들이 데바타 춤을 추는 모습의 데생 그림을 남겼다.

춤추는 캄보디아 무희 –프랑스 조각가 루댕의 데생

대벽화로 유명한 앙코르 와트의 제1회랑

앙코르 와트의 대벽화

힌두신화·왕국의 역사를 담은 벽화들

12

앙코르 와트의 매력 중의 하나가 제1회랑에 두루마리 그림처럼 새겨놓은 대벽화다. 높이 2m, 길이 50~100m의 대벽화 8개가 회랑의 동서남북의 벽을 가득 메우고 있다. 전체 길이가 1.5㎞나 되는 이 대벽화는 그 규모가 웅장할 뿐 아니라 화면의 구성이 치밀하며 돋새김이 정교하고 생동감이 넘치게 새겨져있다.

힌두신화와 왕국 역사의 대파노라마

제1회랑의 서쪽 입구로 들어서서 오른 쪽으로 돌면 힌두신화와 앙코르 왕국의 역사를 담은 대파노라마가 전개된다. 8개 중에 5개의 대벽화가 전쟁이야기다.

회랑의 서벽의 남쪽에 고대 인도의 대서사시 「마하바라타」 신화, 남벽의 서쪽에 수리야바르만 2세의 공적을 칭송한 「위대한 왕의 역사」, 남벽의 동쪽에 「천국과 지옥」, 동벽의 남쪽에 천지창조의 「우유

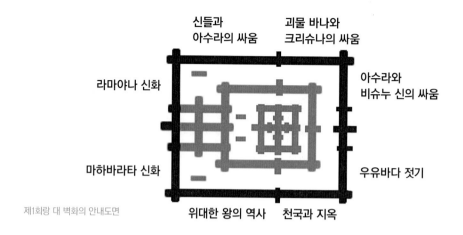

바다 젓기」, 동벽의 북쪽에 「아수라와 비슈누 신의 싸움」, 북벽의 동쪽에 「괴물 바나와 크리슈나의 싸움」, 북벽의 서쪽에 「신들과·아수라의 싸움」, 서벽의 북쪽에 「라마야나」 신화가 돋새김되어있다. 대벽화는 16세기 후반에 만든 동벽의 서쪽 대벽화만 제외하고 모두 12세기 작품이다.

대벽화는 서쪽에서 동쪽으로 전개돼있어 시계의 반대 방향으로 화랑을 돌면서 감상해야 한다. 대벽화는 주체를 남겨두고 배경을 파내는 양각陽刻으로 새겼다. 반대로 음각陰刻으로 새긴 것도 있다. 일부 돋새김에는 금으로 도금했거나 색을 칠한 흔적이 남아있다. 계급이 높을수록 크게 새겨 지위가 높다는 것을 암시하고, 돋새김을 이중삼중으로 겹치게 새겨 입체감을 내고, 거리가 먼 것은 벽의 위쪽에 겹치게 묘사하고, 전투장면에서 부러진 양산은 격파된 적장을 나타내고 있다.

앙코르 와트의 제1회랑의 바깥 모습

마하바라타 신화

서벽의 남쪽에 고대 인도의 대서사시 「마하바라타」 신화에 나오는 두 왕족이 왕권을 차지하기 위해 싸운 건국신화가 돋새김 되어있다.

길이 49m의 벽에 「마하바라타」 신화 중의 클라이막스인 쿠루크쉐트라에서 두 왕족이 싸우는 장면이 생동감 있게 묘사돼있다. 대벽화에 왼쪽과 오른쪽에서 진군해오는 카우라바군과 판다바군이 중앙에서 격돌하는 모습이 담겨있다.

코끼리와 말이 끄는 전차 위에서 전쟁을 지휘하는 장군, 격렬하게 싸우는 병사들, 비슈누 신의 원반에 맞아 죽은 아수라의 산처럼 쌓인 시체들, 화살을 맞고 쓰러진 장군의 모습, 머리가 잘려나간 시체들에 이르기까지-.

신화 「마하바라타」의
쿠루크쉐트라 전투 장면

이 대벽화에 묘사된 것처럼 피비린내 나는 전쟁터의 흐트러진 현장을 아수라장阿修羅場이라고 하는데 이 말은 「마하바라타」 신화에서 유래된 것이다.

위대한 왕의 역사

남벽의 서쪽에 앙코르 왕국의 위대한 왕 수리야바르만 2세의 공적을 기념하고 그의 영광을 찬양하는 98m의 대벽화 「위대한 왕의 역사」가 장식돼있다. 왕은 여러 전쟁을 치르면서 태국의 동북부, 라오스, 말레이시아 반도, 베트남 남부까지 영토를 크게 확장했다. 또한 앙코르 와트를 비롯하여 많은 가람을 건립했다.

대벽화에 왕이 신하들로부터 충성맹세를 받는 모습, 코끼리 등

대벽화
위대한 왕의 역사

위에 앉아 행진하는 모습, 왕좌에 16개의 파라솔을 쓰고 위풍당당하게 앉아있는 모습, 비슈누 신이 가루다를 타고 있는 모습, 크메르군의 개선행진 모습, 크메르인과 시암족의 연합군이 참파군과 싸우는 모습이 담겨있다.

천국과 지옥

남벽의 동쪽에 인간의 죽은 후의 세계를 담은 길이 66m의 「천국과 지옥」의 대벽화가 장식돼있다. 이 대벽화는 상중하 세부분으로 나뉘어있다. 윗부분은 극락세계인 천국, 아랫부분은 아비규환의 세계인 지옥, 가운데부분은 인간이 죽은 후에 영혼이 죽은 자의 신 야마에게 불려가서 재판을 받는 세계를 담고 있다. 인간이 죽은 후에

대벽화
천국(위)과 지옥(아래)

생전의 행위에 따라 겪게 되는 세계 즉 안락한 천국과 처참한 지옥을 생생하게 보여준다.

윗부분에는 37개의 천국이 묘사돼있다. 영원한 낙원인 천국에서 즐겁게 지내는 모습, 천상의 무희 압사라들의 춤추는 모습, 극락세계에서 편안하게 지내는 모습을 담고 있다. 가운데 부분에는 18개의 팔로 칼을 휘두르고 있는 죽음의 신 야마가 물소를 타고 부하들에게 천국과 지옥으로 가는 길을 가리켜 주고 있는 모습, 그 앞에서 죽은 영혼들이 심판을 기다리고 있는 모습, 야마의 저승사자들이 지옥으로 악한 자들을 밀어내는 모습을 담고 있다. 아랫부분에는 32개의 지옥이 묘사돼있다. 욕심 많은 자의 몸을 톱질하거나 몽둥이로 때려 처벌하는 모습, 법을 어긴 자의 뼈를 부러뜨리는 모

죽음의 신 야마

습, 족쇄를 채우거나 머리에 못을 박는 모습, 사지를 찢는 모습, 눈알을 뽑는 모습, 끈에 묶여 끌려가는 자들을 짐승들이 물어뜯는 모습 등 염라대왕이 벌주는 모습과 죽은 자들이 고통을 받는 모습이 적나라하게 담겨있다.

우유 바다 젓기

동벽의 남쪽에 앙코르 와트의 대벽화 중에서 가장 유명한 「우유바다 젓기」가 장식돼있다. 이것은 힌두교 성전 「푸라나」에 나오는 비슈누 신의 창세신화다.

　길이 49m의 이 대벽화는 상중하로 나뉘어있다. 큰 뱀의 몸통을 신과 악마들이 당기고 있는 모습이 가장 유명하다. 큰 거북의 등

대벽화 우유바다 젓기
-신들과 아수라들이 뱀 신 나가의
몸통을 잡고 우유바다를 젓는 것을
지휘하고 있는 비슈누 신

위에 둥근 기둥 모양의 만다라 산이 있고 그 위에 4개의 팔을 가진 비슈누 신이 올라서 있다. 뱀의 꼬리 부분을 88명의 신, 뱀의 머리 부분을 툭 튀어나온 눈과 투구를 쓴 92명의 아수라가 뱀의 몸통을 잡고 천년 동안 줄다리기를 한 신화를 담고 있다. 아랫부분에는 바다 속에 악어, 3개의 머리를 가진 바다뱀 등 상상의 물고기와 바다짐승들이 묘사돼있다. 윗부분에는 천녀들이 하늘을 날고 있는 광경이 보인다.

아수라와 비슈누 신의 싸움

동벽의 북쪽에 「우유바다 젓기」에서 얻은 불로불사의 묘약 암리타를 둘러싼 아수라와 신들의 싸움에서 비슈누 신의 도움으로 신들이 승리하는 이야기를 담고 있다. 길이 52m의 이 대벽화는 중앙에 가루다를 타고 있는 비슈누 신이 있고 신의 군대는 새, 코끼리, 뱀, 말, 사자를 타고 악마의 군대는 말이나 사슴이 끄는 마차를 타고 싸우고 있다.

괴물 바나와 크리슈나의 싸움

북벽의 동쪽에는 「마하바라타」의 부록 「하리반사Harivansa 2)」에서 발췌한 비슈누 신의 화신 크리슈나에 관한 이야기가 담겨있다.
　길이 66m의 이 대벽화에는 주인공인 크리슈나 여신이 일곱 번

힌두 신화
「라마야나」의 전투장면

──────────

2)　「마하바라타」 이야기의 부속서. 크리슈나신의 전기.

이나 되풀이해서 표현돼있다. 크리슈나가 악마 왕 바나^{Bana}에 의해
유괴된 그의 손자 아니룻다^{Aniruddha}를 구출하기 위해 마족³⁾과 싸우
는 모습이 돋새김 돼있다. 4개의 팔을 가진 비슈누 신이 큰 새 가
루다를 타고 있는 모습, 24개의 팔을 가진 악마의 왕 바나가 짐차
를 탄 모습을 볼 수 있다. 사이사이에 신과 악마들의 싸우는 모습
이 새겨져 있다

　이야기는 크리슈나의 승리로 전쟁은 끝나지만, 시바 신의 중재
로 패배한 악마 왕 바나를 죽이지 않고 살려 두는 것으로 끝을 맺
고 있다.

---

3)　아수라, 악의가 있는 악마. 또는 이러한 성격을 가진 인간.

크메르군의
개선행진 장면

신들의 싸움

북벽의 서쪽은 신과 악마들이 싸우는 모습을 통해 비슈누 신을 찬양하는 돋새김이 새겨져 있다. 이 대벽화에도 큰 새 가루다를 타고 있는 비슈누 신의 모습이 보인다. 이것은 신화 「우유바다 젓기」에서 묘약 암리타를 얻은 뒤에 신들과 악마들이 싸우는 이야기다.

대벽화에는 없지만, 대서사시에 따르면 이 싸움에서 승리한 비슈누 신이 불로불사의 묘약을 가져간 암리타를 악마들로부터 빼앗는다. 그 결과, 악마들은 약해지고 그 묘약을 먹은 신들은 활력이 넘쳐서 결국 신들의 승리로 끝난다는 이야기다. 비슈누 신의 은총으로 신들이 승리했다 해서 비슈누 신은 오래도록 숭배된다. 이 숭배에 비슈누 신이나 다름없는 수리야바르만 2세의 숭배도 포함돼있다고 한다.

시암(태국)군의 병사들

「라마야나」 이야기

서벽의 북쪽에 고대 인도의 대서사시 「라마야나」의 영웅 라마 왕자가 악마 왕 라바나와 싸우는 「랑카 전투」가 묘사돼있다.

　길이 51m의 대벽화에 라마 왕자가 라바나에게 유괴된 왕자비 시타를 구출하는 모험담이 담겨있다. 원숭이 왕 수그리바^{Sugripa}의 도움을 받은 라마가 란카 섬으로 쳐들어가서 악마 왕을 무찌르고 시타를 구출하는 모습이 새겨져 있다. 이 대벽화에 라마 왕자가 원숭이 왕 수그리바의 어깨 위에 서서 활을 쏘는 모습, 악마 왕 라바나가 사자가 끄는 마차를 타고 있는 모습, 히말라야에서 돌을 날라와서 랑카까지 라마 왕자를 위해 돌다리를 놓는 원숭이 장군 날라의 모습이 담겨있다.

신화 「라마야나」의 랑카 전투
- 악마군과 싸우는 원숭이군

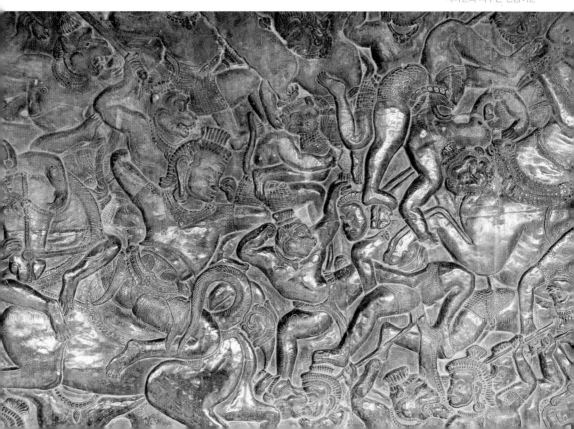

저녁노을이 아름다운 프놈 바켕

석양이 아름다운 프놈 바켕

13

앙코르 도성 야소다라푸라의 중심 산

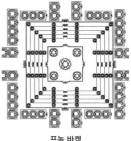

앙코르 와트와 앙코르 톰의 사이에 나지막한 산 프놈 바켕 Phnom Bakheng이 솟아있다. 프놈은 캄보디아어로 '언덕'을 뜻한다.

프놈 바켕은 높이 65m의 언덕 같은 작은 산이다. 9세기 초, 제4대 왕 야소바르만 1세(889~910)가 조성한 앙코르 왕국의 두 번째 도성 야소다라푸라의 중심 산이다. 프놈 바켕은 프놈 크롬 Phnom Krom(247m), 프놈 복 Phnom Bok(137m)과 함께 앙코르의 3대 성산聖山의 하나다. 9세기 후반, 왕위쟁탈전쟁으로 도성 하리하랄라야가 파괴되자 제4대 왕 야소바르만 1세는 앙코르에 새로운 도성 야소다라푸라를 조성하고 롤루오스에서 왕도를 옮겨왔다. 앙코르 톰보다 큰 이 도성은 한 변 길이가 4㎞로 둘레 호수에 에워싸여 있었다.

산꼭대기에 907년에 건립한 국가가람 프놈 바켕이 있다. 이 가람 유적은 앙코르 지역에 세운 최초의 힌두교 가람 유적으로 앙코

프놈 바켕

르 유적 중에서 가장 높은 곳에 있다. 그 북쪽에 목조왕궁이 있었으나 지금은 그 터만 남아있다.

왕은 새로 조성한 도성의 동쪽에 동서 7.5㎞, 남북 1.8㎞의 거대한 인조 호수 야소다라타타카^{Yashodharatataka(지금의 동바라이)}를 건조했다. 그 밖에 프놈 크롬, 프놈 복, 프라삿 크라반 등의 힌두교 가람을 건립했다. 왕은 북인도 문자를 받아들여 크메르 문자를 만들었다.

피라미드형 가람

산의 동쪽에 있는 가람입구를 지나 가파른 계단을 따라 참배 길을 올라가면 그 끝자락에 5층으로 된 피라미드형 기단이 나온다. 맨 아래 층의 기단은 한 변이 73m에 높이가 12m이다.

프놈 바켕 중앙사당

　기단의 동서남북에 산꼭대기로 올라가는, 라테라이트로 된 경사
가 70도나 되는 매우 가파른 계단이 있다. 기단 위에 윗부분이 거
의 없을 정도로 허물어진 중앙사당과 그 주위에 4개의 작은 사당
이 서 있다. 사당 표면의 장식이 매우 화려하다. 사당 안에 시바 신
의 상징인 링가가 안치돼있었으나 지금은 없다.

중앙사당의 옆벽에 높이 2m의 데바타 상이 장식돼있다. 왼손에 긴 막대기의 불자佛子를, 오른손에는 연꽃을 지니고 있고 허리에 걸치고 있는 통치마 삼포트와 은으로 만든 벨트가 매우 아름답다.

피라미드형의 기단 위에는 모두 44개의 탑이 있다. 중앙사당을 둘러싼 탑이 모두 108개나 된다. 108은 힌두교의 우주관을 구성하는 숫자다. 탑들은 어느 방향에서 보더라도 1도에 33개의 탑이 눈에 들어온다. 이것은 힌두교의 신의 수를 상징한 것이라고 한다.

첫째 기단에서 다섯째 기단까지 각 기단에 12개의 작은 탑이 있다. 그리고 맨 아래 기단에는 동쪽과 서쪽에 12개씩, 남쪽과 북쪽에 10개씩 모두 44개의 벽돌로 만든 작은 사당이 줄지어 있다. 각 기단에는 좌우로 한 쌍의 늠름한 심하상이 지키고 있다.

수복 중인
프놈 바켕 유적

아름다운 앙코르의 황혼

산꼭대기까지 올라가는 산길이 매우 가파르고 험하다. 코끼리를 타고 올라 갈 수도 있다. 이곳의 코끼리는 아시아 코끼리(인도 코끼리)로 아프리카 코끼리보다 몸집이 작고 특히 귀가 매우 작은 것이 특징이다.

정상에 오르면 앙코르 와트 유적의 전체 모습과 그 주변의 수해樹海와 경관을 즐길 수 있다. 서쪽 멀리 우거진 숲 너머로 길게 누워있는 소처럼 성산 프놈 크롬이 떠있다. 북동의 지평선에는 성산 프놈 복, 그 저편에 프놈 쿨렌 그리고 동으로는 시엠립과 톤레삽 호수가 보인다. 남동쪽으로는 눈 아래 시원하게 펼쳐져 있는 숲속에 앙코르 와트가 솟아있다. 해질녘에는 수해 너머로 지는 해와 저녁노을에 붉게 물든 앙코르 와트의 어우러진 멋진 모습이 너무 아름답다.

프놈 바켕의 아름다운
일몰을 기다리고 있는 관광객들

ANGKOR THOM

성곽도성 앙코르 톰 유적

바이욘의 사면불탑(관세음보살 상)

거대한 도성 앙코르 톰

14

앙코르 왕국의 마지막 도성 – 큰 앙코르

앙코르에서 앙코르 와트 다음으로 유명한 유적이 앙코르 왕국의 마지막 도성인, 앙코르 톰 이다. 캄보디아에서는 앙코르 와트를 '작은 앙코르', 그보다 4배나 더 큰 앙코르 톰을 '큰 앙코르'라고 부른다. 톰은 크메르어로 '크다'는 뜻으로 앙코르 톰은 '큰 도성'을 가리킨다.

앙코르 와트에서 열대림 사이에 길게 뻗어 있는 숲길을 따라 북으로 약 1㎞쯤 가면 앙코르 톰의 입구 남대문이 나온다. 신비로운 '크메르의 미소'를 머금고 서 있는 사면불탑의 탑문이 매우 인상적이다. 지금은 성문이 거무스름하게 바랬지만, 원래는 도금이 돼있어 황금 탑이라 불렀다.

남대문을 지나 북쪽으로 1.5㎞쯤 더 가면 앙코르 톰의 중심에 불교 가람 유적 바이욘이 나온다. 그 곁에 옛 왕궁 터가 남아있고 주변에 앙코르 톰을 짓기 전부터 있었던 힌두교 가람 바푸온, 피메아

앙코르 톰의 입구
남대문

나카스^{Phimeanakas}, 그리고 넓은 왕궁 광장에 새로 지은 코끼리와 문
둥이 왕의 테라스가 있다. 앙코르 와트에서 앙코르 톰으로 가는 도
중에 일몰이 아름다운 언덕 프놈 바켕이 있다.

성곽도성 앙코르 톰

앙코르 톰은 고대 인도의 우주관에 등장하는 신의 세계를 지상에
재현해 놓은 종교도성이다. 그 중심에 자리한 바이욘 사원은 신이
거주하고 있는 우주의 중심인 불교의 수미 산, 동서남북으로 뻗어
있는 길은 우주의 중심에서 사방으로 뻗어있는 우주의 길, 성벽은

우주의 산맥, 지금은 말라버려 물이 없는 호수는 우주를 둘러싸고 있는 우주의 바다를 상징한다.

앙코르 톰은 9세기 후반, 제4대 왕 야소바르만 1세가 조성한 야소다라푸라에 겹쳐서 건조한 도성이다. 원래 그곳에 있었던 힌두교 가람 바푸온과 피메아나카스는 그대로 두었다. 도성의 중심가람 바이욘, 왕궁, 코끼리·문둥이 왕의 테라스, 그리고 불교 가람 프리아 파리라이, 프리아 피투, 크레안 등은 도성을 조성하면서 새로 건립한 유적들이다.

국위를 선양한 자야바르만 7세

앙코르 톰은 앙코르 왕국의 전성기를 이룩한 위대한 제21대 왕 자야바르만 7세가 13세기 초에 조성했다.

역대 신왕들은 앙코르 왕국의 왕도는 성스러운 신의 땅에 조성했기 때문에 적이 침공하더라도 절대로 무너지지 않는 다고 확신해 왔다. 그랬던 왕도가 1177년에 참파군의 침공으로 함락되고 4년 동안 그 지배를 받았다. 이러한 비극 속에서 1181년에 참파군을 물리치고 왕에 오른 자야바르만 7세는 새로운 도성을 건조했다. 도성을 호수로 둘러싸고 높은 성벽을 쌓아 요새화하여 외적이 침입해도 무너지지 않는 성곽도성을 조성한 것이다.

자야바르만 7세는 정복왕征服王이었을 뿐만 아니라 건사왕健寺王이었다. 앙코르 왕국의 역대 왕들은 모두 힌두교의 신을 모셨지만, 자야바르만 7세는 열렬한 대승불교 신자로 불교 가람 바이욘을 짓고 관세음보살을 모셨다.

앙코르 톰을 조성한
자야바르만 7세

그 밖에도 왕은 불교승원 타 프롬, 불교대학 프리아 칸, 불교 가람 반티아이 크데이, 타 솜, 닉 펜, 반티아이 츠마르를 건립했다. 왕은 인조 호수 스라 스랑과 북 바라이라고 불리는 자야타타카 Jayatataka도 건설했다. 전국의 도로를 정비하고 121개의 다르마살라 Dharmasala(쉬는 집)와 102개 병원을 지었다.

사야바르만 7세의 소상이 프놈펜의 감보디아 국립박물관에 전시되고 있다. '명상하는 왕'을 표현한 높이 1.23m의 좌상이다. 두 팔이 없으나 머리 부분이 완전히 남아있다.

앙코르 톰의 구조

앙코르 톰

앙코르 톰은 한 변의 길이가 3km, 전체 둘레가 12km의 정사각형의 성곽도성이다. 도성을 폭 3m, 높이 8m의 성벽과 폭 113m의 호수가 둘러싸고 있다. 서울을 둘러싸고 있는 옛 한양도성漢陽都城의 길이가 18.6km인 것과 비교하면 그 규모를 가늠할 수 있다.

성벽은 참파군이 침입했을 때 도성이 쉽게 무너졌던 쓰라린 경험을 살려 앙코르 톰은 적으로부터 도성을 방어할 수 있도록 라테라이트로 성벽을 높고 튼튼하게 만들었다. 성벽에 동·서·남·북의 4대문과 '승리의 문'의 다섯 성문이 있다. 남대문이 정문이고 '죽은 자의 문'으로 불리는 동대문이 가장 크다.

승리의 문은 전쟁에서 이기고 돌아온 크메르군이 개선 행진 때 이용한 문으로 왕궁으로 직접 연결돼있다. 죽은 자의 문은 전쟁에 패한 크메르군의 혼이 이 문을 통해 돌아오기 때문에 붙여진 이름이다. 이 문을 바이욘으로 직접 연결돼있다.

각 성문은 탑문^{Gopura 1)}으로 돼있으며 성문 위에는 동서남북의 사면에 관세음보살의 얼굴이 새겨져 있는 사면불탑이 있다.

지금은 앙코르 톰 안에 있는 유적의 대부분이 파괴돼 없어졌다. 그렇시만 불교 가람 바이욘을 비롯하여 많은 유적이 남아있다.

사면불탑의 남대문

앙코르 톰을 둘러싸고 있는 호수 위에 돌다리가 걸려있다. 돌다리 입구의 좌우 난간에 7개의 머리를 펼쳐들고 있는 뱀 신 나가가 지키고 있다. 나가의 몸통을 잡고 둥근 뿔 모양의 모자를 쓴 신들과 투구를 안 쓴 아수라들이 줄다리기를 하고 있다. 신들과 악마들의 얼굴이 각각 다르다.

---

1) 탑 모양의 출입문. 앙코르 톰의 남대문이 전형적인 고푸라.

앙코르 톰의 관광객들

앙코르 톰 입구
난간의 신 상

나가 난간은 지상과 천국을 잇는 무지개를 상징하며 뱀 신 나가
가 성벽 안의 신의 세계와 바깥의 속세를 연결해주고 있다. 원래 나
가는 지옥에 사는 뱀 신이다. 남대문에는 앙코르 유적에 장식된 나
가 중에서도 가장 신성한 뱀 바수키가 특별히 수호하고 있다.

길게 뻗어 있는 난간에 큰 얼굴을 가진 수호신 데바Deva 2)와 악마
아수라의 석조상이 좌우로 몸통을 잡고 줄다리기를 하며 힌두교의

---

2) 힌두교의 남자 수호신. 여신을 데바타(Devata)라함. '빛나다'라는 뜻을 가진 div에
   서 파생. 불교에서의 사천왕.

창세신화 「우유바다 젓기」를 연출하고 있다. 앙코르 와트의 제1회
랑에는 돋새김으로 표현하고 있으나 이곳 앙코르 톰에서는 조각으
로 표현하고 있어 더 실감이 난다.

　다리를 건너면 앙코르 톰의 정문 남대문이 있다. 높이가 23m의
성문으로 왕이 코끼리를 탄 채로 지나갈 수 있다. 성문의 탑 위에
동서남북 4방으로 신비한 미소를 짓고 있는 거대한 얼굴을 가진 사
면불탑이 장식돼있다. 얼굴의 길이만 3m나 되고 앙코르 톰의 사면
불탑 중에서 가장 크다.

　그 얼굴은 왕이 신앙한 관세음보살의 얼굴이기도하고 왕 스스로
의 얼굴이기도 하며 시바 신의 얼굴이기도 하다. 성문의 좌우에는
3개의 머리를 가진 흰 코끼리 아이라바타^{Airavata3)} 위에 번개신雷神 인
드라가 타고 앉아서 성문을 지키고 있다.

---

3)　인드라 신이 타고 다닌 코끼리 신상(神象). '큰바다에서 태어났다'는 뜻.

뱀 신 나가의 몸통을
잡고 있는 아수라 상
-앙코르 톰 입구 남대문 앞

불교 가람 바이욘에 안치돼있는 부처상

사면불탑의 숲 바이욘

관세음보살의 미소가 가득 찬 불교 가람 유적

앙코르 톰의 입구 남대문을 지나 숲길을 따라 가면 도성 앙코르 톰의 중심가람 바이욘^{Bayon} 유적이 나온다. 앙코르 와트를 비롯하여 앙코르 유적의 가람들은 대부분이 힌두교 가람이지만, 바이욘은 대표적인 불교 가람이다. 바^{Ba}란 '아름답다', 이욘^{Yon}은 '탑'이라는 뜻의 크메르어다.

이 가람 유적은 멀리서 보면 자연돌산처럼 보인다. 그렇지만 가까이에서 보면 관세음보살이 자비로운 미소를 머금고 있는 사면불탑이 병풍처럼 둘러싸고 있다. 원래 사당과 사면불탑이 금칠이 돼 있어 매우 화려했으나 오랜 세월 비바람에 시달려 지금은 거무스름하고 우중충하다.

앙코르 와트와 마찬가지로 바이욘도 고대 인도의 우주관에 따라 지은 가람이다. 불교의 우주관에 나오는 성산 수미 산을 상징하고 있다.

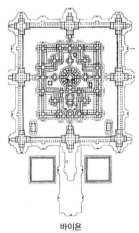

바이욘

바이욘은 12세기 말, 자야바르만 7세가 앙코르 톰을 조성하면서 착공하여 13세기 초 자야바르만 8세 때 완공했다.

바이욘의 기본구조

바이욘은 그 구조가 3층의 피라미드 모양을 이루고 있다. 1층과 2층의 사당은 정사각형이고 3층의 중앙사당은 둥글다. 가람의 구조가 매우 복잡하며 전체적으로 앙코르 와트 같은 입체적 균형미는 없다. 반면에 바이욘은 마치 우람한 바위봉우리들이 모여 있는 돌산처럼 보여 앙코르 와트보다 개성미가 강하고 신비로움이 더하며 순박한 아름다움이 있다. 이 가람에 사용된 돌이 자그마치 60만 개가 넘는다.

동문에서 본 바이욘 가람

가람의 동서남북에 4개의 문이 있다. 정문인 동문 앞에 널따란 사암으로 된 테라스가 있고 그 양 옆에 작은 연못이 있다. 가람의 1층에 2중 회랑이 있다. 바깥쪽 회랑은 동서로 160m에 남북으로 140m이며 안쪽 회랑은 동서로 80m에 남북으로 70m이다.

기둥의 곳곳에 춤추는 압사라 상이 장식돼있다. 그중에서도 연꽃 위에서 삼각 모양으로 세 명이 짝지어 춤추고 있는 바이욘 특유의 압사라 상이 매우 매력적이다.

2층 테라스에는 16개의 사면불탑이 있다. 3층의 중앙에 높이 43m의 둥근 모양으로 된 중앙사당이 솟아있고 그 주위를 4개의 연못이 둘러싸고 있다. 연못은 힌두신화에 나오는 히말라야 숲 속에 있는 '천국의 호수'를 상징한다.

바이욘의 사면불탑

중앙사당에는 수호신 드바라팔라Dvarapala 4)상, 남북사당에는 데바타 상이 장식돼있다. 사당 안에 높이 3.8m의 부처상이 있었으나 지금은 없다.

크메르 미소의 사면불탑

바이욘의 가장 큰 매력은 사방에 '크메르의 미소'라고 불리는 신비로운 미소를 머금은 얼굴이 조각돼있는 사면불탑이다.

가람 안에 모두 54개의 사면불탑이 있다. 탑의 사방에 새겨져 있는 얼굴의 수가 원래는 194개였으나 지금은 117개가 남아있다. 얼굴의 길이가 1.75m에서 2.4m나 된다. 연꽃 관을 쓴 넓은 이마, 두툼한 입술, 크게 뜬 눈이 주변의 진초록 숲과 잘 어울린다.

사면불탑의 얼굴이 멀리서 보면 불교의 관세음보살의 얼굴처럼 보인다. 그러나 가까이에서 보면 제3의 눈을 가진 힌두교의 시바 신의 얼굴 같기도 하다. 이 가람을 건립한 자야바르만 7세는 착실한 불교신자였다. 그런 탓에 사면불탑은 본래는 관세음보살의 얼굴이었다. 왕이 죽은 뒤 이 가람을 완공한 자야바르만 8세는 힌두교 신자였다. 그래서 시바 신의 얼굴로 고쳤다고 한다.

사면불탑의 얼굴의 크기와 표정이 모두 다르다. 눈을 감고 명상에 잠겨있는 보살도 있고 눈을 크게 부릅뜨고 속세를 내려다보고 있는 보살도 있다. 이 불탑은 햇빛이 비치는 각도나 보는 각도에 따라 그 표정이 달라진다. 사면불탑은 그 하나하나가 우수한 예술작

---

4) 사원의 입구를 지키는 남자 수호신.

크메르군의 행진(위)과 닭싸움을 구경하는 농민들(아래)

품이다. 사면불탑은 앙코르 톰 외에 타 프롬, 반티아이 크데이, 프리
아 칸, 타 솜, 반티아이 츠마르 유적에서도 볼 수 있다.

바이욘의 벽화

바이욘의 또 하나의 매력은 회랑의 벽에 부조돼있는 돋새김이다.
사자 모양의 심하상과 뱀 신 나가상이 지키고 있는 테라스를 지나
계단을 올라가 가람의 동쪽 입구에 들어서면 1층에 2중 회랑이 있
다. 이 회랑은 목조지붕으로 덮여 있었으나 지금은 무너져 없어지
고 일부 벽과 기둥만 남아있다.

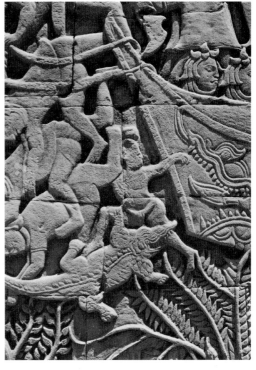

톤레삽 호수에서 싸우는
크메르와 참파 수군

　바이욘의 회랑은 앙코르 와트의 제1회랑보
다 규모가 훨씬 작고 보존상태가 좋지 않다. 그
렇지만 힌두신화와 앙코르 왕국의 역사가 장
식돼있는 앙코르 와트의 회랑과는 다르다. 당
시의 농촌풍경과 서민들의 생활모습 그리고 실
제로 있었던 크메르군과 참파군과의 해전 모
습이 바이욘이 회랑에는 생생하게 담겨있다.

바깥쪽 회랑

바깥쪽 회랑은 8개의 벽화로 나뉘어 있다. 벽
의 위쪽에 톤레삽 호수에서의 해전에서 크
메르군이 참파군과 격전하는 장면과 지상전
에서 크메르군이 참파군을 섬멸하는 장면이
담겨있다.

돼지를 통째로 구어 요리하는 모습(위)과 아이 낳는 장면(아래)

벽의 아래쪽에 호수에서 어망을 던져 물고기를 잡는 모습, 닭싸움을 구경하는 모습, 아기를 낳는 모습, 돼지를 통째로 구어 요리하는 모습, 상점에 진열돼있는 야채와 생선들, 의자에 앉아 손금을 보고 있는 여인의 모습 따위의 앙코르 시대의 크메르인들의 생활모습을 실감나게 담고 있다.

바이욘의 벽화는 앙코르 와트의 대벽화보다 훨씬 인간적이며 매우 정겹다. 이 벽화를 통해 그 당시 크메르인의 생활상을 엿볼 수 있다.

압사라 상

안쪽 회랑

안쪽 회랑은 힌두신화와 전설이 담겨있다. 남벽의 동쪽에 거울을 든 왕비와 꽃을 든 왕비가 담겨 있다. 참파 왕국에 원정갔다가 돌아오는 왕을 두 왕비가 기다리는 모습이다.

동벽의 북쪽에 왕이 왕궁에 들어온 뱀을 퇴치하다가 뱀의 피가 묻어 문둥병에 걸리고 말았다는 「라이 왕의 전설」이 담겨있다. 북벽의 동쪽에 고대 인도의 대서사시 「마하바라타」에 나오는 시바 신이 활을 쏘며 사슴과 다투는 모습, 서벽의 남쪽에 4개의 팔을 가진 비슈누 신상이 장식돼있다.

세 개의 머리를 가진 코끼리 상 - 코끼리 테라스

앙코르 톰 안의 유적들

16

왕궁·바이욘·피메아나카스·바푸온·테라스

앙코르 톰은 이탈리아의 수도 로마 내에 있는 바티칸 시티^{Stato} della Città del Vaticano처럼 앙코르 왕국의 왕도 앙코르 내에 있는 도성으로 그 중심 가람이 바이욘이었다. 지금은 도성에 바이욘 유적 외에 5대문을 비롯하여 왕궁 터, 피메아나카스, 바푸온, 문둥이 왕과 코끼리의 테라스 등 일부 유적이 남아 있다.

장려한 목조 왕궁

앙코르 톰 내에 있는 왕궁은 바이욘 가람에서 북대문으로 가는 도로의 서쪽에 자리한다. 동서 600m, 남북 300m에 넓이가 약 4만 2천 평이나 되는 왕궁은 라테라이트로 된 높이 5m의 2중 돌담에 둘러싸여 있다. 돌담의 동쪽에 1개, 북쪽과 남쪽에 각각 2개씩, 모두 5개의 탑문이 있다.

왕궁의 중앙에 힌두교 가람 피메아나카스가 높이 서 있고 그 서쪽에 궁전이 있다. 목조 건축물인 장려한 궁전은 1431년, 아유타야군의 침공으로 앙코르 왕도가 함락됐을 때 불타버렸다. 지금은 사암덩어리가 뒹굴고 있는 터만 남아있다.

왕궁 터 가까이에 남자연못과 여자연못이 있다. 왕궁의 정면에 코끼리 테라스와 문둥이 왕의 테라스가 있고 승리의 문으로 연결되는 도로가 뻗어있다.

천상의 궁전 피메아나카스

왕궁의 중앙에 피라미드형의 힌두교 가람 피메아나카스가 서 있다. 제7대 왕 자야바르만 4세⁽⁹²¹⁻⁹⁴¹⁾ 때 착공하여 10세기 말, 제9대 왕

옛 왕궁터에 남아있는
동탑문

라젠드라바르만 2세[944~968] 때 완공된 왕실가람이다. 피메아나카스는 산스크리트어로 '천상의 궁전天宮'을 뜻한다.

동서 35m, 남북 28m, 높이 12m의 3층 기단 위에 사암으로 된 회랑이 있고 그 중심에 중앙사당이 서 있다. 원나라 사신 주달관은 가람의 꼭대기에 황금의 탑이 있었다고 기록하고 있다. 기단으로 올라가는 계단 옆에 사자상, 십자형의 테라스의 안쪽에 16세기 무렵에 만든 높이 4m의 불상이 각각 안치돼있다.

이 가람에는 「뱀 왕의 딸의 전설」이 전해온다. 전설에 따르면 아득한 옛날, 이 가람에 9백 세가 되는 아홉 머리를 가진 뱀 여신이 살았다. 이 여신은 밤이 되면 미녀로 변신했다. 왕은 매일 밤, 왕비나 후궁의 처소에 들기 전에 먼저 이 뱀 여신과 잠자리를 같이 해

천상의 궁전 유적
– 앙코르 톰의 왕궁 내

야 했다. 그렇지 않으면 바로 왕이 죽는다는 전설이다. 이 전설은
크메르 왕가의 혈통에 신성한 뱀의 피가 흐르고 있다는 것을 암시
하고 있다. 크메르인들이 뱀을 신성시하는 것도 이러한 전설에서부
터 비롯된다.

앙코르의 피라미드 바푸온

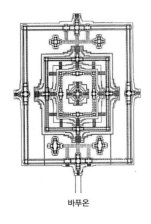

바푸온

피메아나카스의 남쪽, 바이욘의 북서쪽 숲 속에 힌두교 가람 바푸
온 유적이 남아있다. 천년이 넘는 오래된 힌두교 가람으로 앙코르
왕국의 도성 야소다라푸라의 중심 가람이었다. 제14대 왕 우다야
디트야바르만 2세가 1060년에 피메아나카스보다 훨씬 큰 가람을 건
립하여 시바 신에 바쳤다.

바푸온은 '숨긴 왕자'라는 뜻이다. 전설에 따르면 원래 앙코르
왕국의 왕과 이웃나라 시암 왕국의 왕은 형제였다. 시암 왕이 왕
자를 앙코르 왕에게 맡겼다. 그러나 이것을 장차 앙코르 왕국을
차지하려는 시암 왕국의 책략이라고 의심한 신하들이 왕자를 죽
여 버렸다. 이에 크게 노한 시암 왕은 앙코르 왕국의 징벌에 나서
자 놀란 왕비가 앙코르 왕자를 이 가람에 숨겼다고 해서 붙은 이
름이다.

바푸온은 동서로 425m, 남북으로 125m에 둘레 담으로 둘러싸인
피라미드형의 가람이다. 바이욘 가람보다 크다. 3층의 높은 기단 위
에 메루 산을 상징하는 중앙사당이 서 있었으나 지금은 파괴돼 그
모습을 볼 수 없다. 각층마다 회랑이 있으며 2층 회랑의 벽에 「라마
야나」 신화를 담은 돋새김이 장식돼있다.

바푸온의 동쪽에 있는 정면 입구 동탑문에서 중앙사당으로 이어지는 200m의 참배 길은 높이 2m의 돌다리 위에 놓여 있다. 이 참배 길은 우기에는 물위에 떠있는 것처럼 되어 '공중 참배 길'이라고 불렀다. 힌두신화에 나오는 지상과 천상을 연결하는 무지개다리를 재현해 놓은 것이다. 이 다리를 걸으면 하늘 위를 걷는 듯 한 느낌을 받는다.

바푸온 유적에서 가장 볼만한 것이 동탑문의 내벽에 새겨져 있는 비슈누 신과 크리슈나 신의 신화를 담은 돌새김이다. 바푸온 유적의 2층의 남탑문에는 비슈누 신의 화신 크리슈나 여신의 탄생부터 유소년 시대까지를 담은 이야기, 그리고 「마하바라타」 신화가 조각되어 있다.

힌두교 가람 유적 바푸온
-앙코르 톰의 왕궁 내

5개의 머리를 가진 신마 상
-앙코르 톰 문둥이 왕 테라스

벽을 장식하고 있는 신상은 허리가 날씬하며 독특한 허리옷을
걸치고 있고 여신상은 가슴 윗부분이 누드로 표현돼있고 스커트는
발목까지 내려와 있다.

15세기 말에 바푸온은 불교 가람으로 바뀌었다. 이 가람은 약
27만 개의 돌조각을 맞추어 복원했다 해서 '퍼즐가람'이라고도 불
린다.

승전의 소리가 가득찼던 코끼리 테라스

왕궁과 피메아나카스의 동쪽 끝에 코끼리 테라스^{Elephant Terrace}가 있

다. 왕궁의 정면에 있는 폭 14m, 길이 350m, 높이는 중앙부분과 양
끝부분은 4m, 중간부분은 3m의 웅장한 규모의 테라스다.

12세기 말, 자야바르만 7세가 축조한 이 테라스는 왕이 진쟁에
나가는 병사들을 사열하거나 전쟁에서 승리하여 돌아온 군대들을
환영하는 행사장이었다. 테라스의 동쪽으로 뻗어있는 길은 승리의
문으로 연결돼있다. 테라스의 벽에 코끼리가 부조돼있어 코끼리의
테라스라고 부른다.

이 테라스는 2중으로 돼있다. 안벽에 싸움터로 가는 병사들, 바
깥벽은 실물크기의 코끼리가 돋새김 돼있다. 머리가 셋 달린 코끼

리 조각상도 있다. 중앙 테라스에 비슈누 신이 타고 다니는 가루다가 장식돼있다.

이 테라스에서 유명한 것은 「아이라바타」 전설에 나오는 5개의 머리를 가진 신마상神馬像이다. 이곳 석상은 모조품이고 프놈펜의 캄보디아 국립박물관에 전시되고 있는 것이 진품이다.

문둥이 왕의 테라스

코끼리 테라스의 북쪽 옆에 높이 6m에 한쪽 변의 길이가 25m의 문둥이 왕의 테라스Terrace of Leper King가 있다. 12세기 말, 자야바르만 7세가 만든 이 테라스는 내벽과 바깥벽 사이에 미로와 같은 통로가 있다. 내벽에 아름다운 조각들이 많이 새겨져있다.

코끼리 테라스의 전경

이 테라스의 위에 머리가 깨진 채 앉아있는 문둥이 왕의 조각상이 있다. 이곳 조각상은 모조품이고 진품은 프놈펜의 캄보디아 국립박물관에서 전시되고 있다.

「라이 왕(문둥이 왕)의 전설」에 따르면 밀림에서 왕이 뱀과 싸워 이겨 뱀을 죽였다. 그러나 이때 뱀의 피가 튀어 왕이 문둥병에 걸렸다고 한다. 이 전설의 돌새김은 바이욘의 제2회랑에도 있다. 이 왕이 제1차 앙코르 도성을 건설한 야소바르만 1세라고 전해지고 있다. 테라스의 옹벽에는 천녀 압사라가 5계층에 걸쳐 조각돼있다.

EAST · WEST BARAY

동·서 바라이 유적

가루다를 탄 비슈누 신 – 프라삿 크라반의 사당 내

동·서 바라이와 그 주변 유적

17

앙코르 왕국 번영의 기반 - 인조 호수

앙코르 톰 주변에 거대한 인조 호수 동 바라이East Baray와 서 바라이West Baray가 자리한다. 바라이는 크메르어로 '맑은 호수'라는 뜻으로 인조 호수를 가리킨다. 그리고 힌두교의 우주관에서 세계의 중심에 솟아있는 메루 산을 둘러싸고 있는 '천지창조의 바다'를 상징한다. 앙코르 지역은 예나 지금이나 건기에는 반년 가까이 비가 한 방울도 오지 않는다. 그래서 거대한 인조 호수를 만들어 우기에 물을 저장해 두었다가 건기에 사용하여 한해에 삼모작을 한다.

동 바라이 주변에 불교 가람 유적들이 많다. 대표적으로 앙코르 톰의 북동쪽에 프리아 칸과 닉 펜, 동쪽에 타 케우와, 타 프롬, 동남쪽에 반티아이 크데이, 북쪽에 타 솜, 남쪽에 프레 룹과 왕의 목욕연못 스라 스랑이 있다. 동 바라이 안의 인조 섬에 수상가람 동 메본이 있다. 서 바라이 주변에는 유적이 거의 없고 바라이 안의 인조 섬에 수상가람 서 메본과 그 근처에 프놈 크롬이 있다.

동 바라이와 동 메본의 유적

앙코르 톰의 승리의 문에서 동쪽으로 11km쯤에 동 바라이가 있다. 10세기 중엽, 제4대 왕 야소바르만 1세가 조성한 인조 호수다. 동 바라이를 초기에는 '야소바르만의 호수'라는 뜻으로 '야소다라타타 카'라고 불렀다.

동 메본

동서 7km, 남북 2km의 직사각형의 호수 동 바라이는 앙코르에 서 바라이 다음으로 두 번째로 크다.

지금은 물이 없다. 흙을 쌓아 만든 둑만 남아있다. 남쪽 둑은 무너져 있다. 전설에 따르면 앙코르 왕국의 공주가 이 호수에서 물놀

이를 하다가 큰 악어에 먹혔다. 다행히 악어는 잡혀 공주는 무사히 구출됐다. 이때 악어가 몸부림쳐서 남쪽 둑이 무너졌다고 한다.

동 바라이 안에 떠있는 인조 섬에 피라미드형의 힌두교 가람 동 메본이 서 있다. 952년, 제9대 왕 라젠드라바르만 2세가 시바 신을 위해 건립한 가람이다. 메본은 크메르어로 '신의 은총'을 뜻한다.

동 메본은 인드라타타카의 롤레이, 자야타타카의 닉 펜, 서 바라이의 서 메본처럼 바라이 안에 만든 인조 섬에 서 있는 수상가람이다. 바라이 안에 수상가람을 짓는 것은 농경민족인 크메르인의 치수신앙治水信仰을 상징한다.

동 메본의 중앙사당

가람의 동탑문을 지나 안으로 들어가면 3층 기단이 2중 둘레 담에 에워싸여 있다. 기단의 네 모퉁이에 8개의 실물 크기의 코끼리 상이 안치돼있다. 2층 기단 위에는 벽돌로 지은 8개의 작은 사당과 5개의 도서관, 3층 기단 위에는 중앙시당이 서 있다. 사당에 안치돼있는 링가에서 흘러나온 물이 바라이로 들어가게 돼있다. 라테라이트로 만든 이 가람은 햇빛에 붉게 빛난다 해서 '불타는 수상가람'이라고도 불린다.

서 바라이와 서 메본의 유적

앙코르 톰의 서대문을 나와 서쪽으로 10㎞ 남짓 가면 서 바라이가 나온다. 시엠립 국제공항의 북쪽 근처에 위치해있다. 1020년 무렵, 제14대 왕 우다야디트야바르만 2세가 조성한 동서 8㎞, 남북 2㎞의 인조 호수로 앙코르 지역에서 가장 크다.

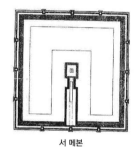

서 메본

서 바라이 안의 인조 섬에 힌두교 가람 서 메본이 서 있다. 지금은 가람이 붕괴됐고 탑문과 회랑의 일부만 남아있다.

1938년, 서 메본에서 발견된 청동조각 '누워있는 비슈누 신상'이 유명하다. 높이 1.14m, 폭 2.17m의 이 신상은 얼굴, 동체의 윗부분, 두 팔만 남아있다. 11세기 작품으로 비슈누 신이 우주를 창조하기 직전에 원시原始의 바다에 누워있던 '생명의 근원'을 상징한다. 이 청동상은 현재 프놈펜의 캄보디아 국립 박물관에 전시되고 있으며 세계적인 걸작품이다.

서 메본에서 발견된
누워 있는 비슈누 상
-프놈펜 국립박물관 소장

거대한 나무뿌리가 휘감고 있는 프리아 칸 유적

불교 가람 유적 프리아 칸

앙코르 톰의 북대문에서 북동쪽으로 2㎞, 바라이 자야타타카의
서쪽 끝자락에 12세기 말, 자야바르만 7세가 건립한 불교 가람 프
리아 칸이 있다. 프리아 칸은 '성스러운 칼'이라는 뜻이다. 이 가람
에 왕권의 상징으로 숭배했던 칼이 보관돼있었기 때문에 갖게 된
이름이다.

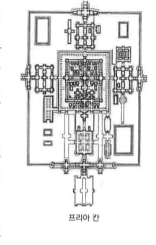

프리아 칸

　자야바르만 7세가 앙코르 도성을 점령한 참파군과 싸워 이긴 것
을 기념하여 지은 가람이다. 왕은 이 가람을 1177년에 참파군에 패
해 전사한 아버지 왕 다라닌드라바르만 2세에게 바쳤다.

　이 불교 가람은 1천 명이 넘는 승려들이 모여 불도를 닦았던
큰 승원僧院이다. 앙코르 톰을 짓기 전에 잠시 왕궁으로 사용되기
도 했다.

　이 가람은 규모가 클 뿐만 아
니라 그 구조가 매우 복잡하다.
전체 면적이 약 17만 평이나
되는 평지형 가람이다. 폭
9m, 길이 150m의 서쪽 참
배 길의 양쪽에 높이 2m의
링가를 상징하는 포탄 모양의
돌기둥 96개가 줄지어있다. 기둥
위는 부처, 기둥 아래는 가루다와
나가가 새겨져 있다.

프리아 칸의 나가 난간 조각
-파리의 기메
국립 아시아 미술관 소장

성스러운 칼이 보관됐던 유럽풍 원기둥의 건물-프리아 칸

신조 가루다 조각 상
-프리아 칸 동탑문 옆

　이 가람에는 참배 길의 중간에 진기한 모양의 2층 석조 건축물이
서 있다. 앙코르 유적의 기둥은 모두 네모다. 그런데 이 건물의 기
둥만은 유럽풍으로 둥글다. 2층에 '성스러운 칼聖劍'이 보관되어 있었
다. 현재 이 칼은 프놈펜의 캄보디아 국립박물관에 전시하고 있다.

　참배 길 끝에 호수를 건너는 다리가 나온다. 난간이 앙코르 톰의
남대문 앞의 다리처럼 「우유바다 젓기」의 힌두신화에 나오는 신과
아수라가 큰 뱀 나가의 몸통을 당기는 조각으로 장식돼있다.

　동서 800m, 남북 700m의 둘레 호수와 3중의 둘레 담 안에 중앙
사당이 서 있다. 맨 바깥 둘레 담과 제2회랑 사이의 모퉁이에 성스

춤추는 압사라 상
—프리아 칸

러운 연못이 있다.

동탑문에는 3개의 입구가 있다. 중앙문은 우마차가 지나다닐 수 있다. 둘레 담에는 50m 간격으로 양손으로 나가를 움켜쥐고 있는 높이 5m의 가루다 조각상 72체가 장식돼있다.

동탑문의 정면에 나가가 장식된 난간과 사자상이 안치된 테라스가 있고 그 끝에 성화사당聖火祠堂이 있다. 자야바르만 7세는 왕국의 주요 간선도로에 성화사당을 121개나 배치했다.

동탑문을 지나면 타 프롬처럼 24개의 돌기둥에 둘러싸여 있는 회랑이 나온다. 벽에 많은 압사라 상이 장식돼있다. 그중 13명이 함께 춤추는 압사라 상이 가장 유명하다.

자야바르만 7세는 불교도이면서도 앙코르 왕국이 전통적으로
신앙해온 힌두교도 존중했다. 그러기 때문에 프리아 칸이 불교 가
람인데도 힌두교의 신들도 모셨다. 중앙사당 서쪽의 작은 사당에
13세기에 만든 링가와 요니가 안치돼있다.

프리아 칸 유적은 대부분이 파손됐으며 곳곳에 돌이 쌓여 있
고 수목이 무성하다. 타 프롬처럼 거대한 나무뿌리가 유적을 휘
감고 있다.

앙코르 왕국의 보배 닉 펜 유적

프리아 칸의 동쪽에 불교 가람 유적 닉 펜이 있다. 닉 펜은 '똬리를
틀고 있는 두 마리의 나가'라는 뜻이다.

수상 불교가람
닉 펜

닉펜

　12세기 말, 자야바르만 7세가 백성을 위해 만든 만병을 낫게 하는 불가사의 한 약초물이 흘러나오는 연못으로 '왕국의 보물'이었다. 이 연못은 히말라야의 꼭대기에 있는 성수聖水가 솟아나는 호수 아나바타프다Anavatapta를 본 따서 만든 것이다. 두 마리의 나가는 불교의 난다 용왕Nanda-nagaraian과 우바난다 용왕Upananda-nagaraian을 표현한 것이다. 기단 위는 연꽃으로 꾸며져 있다. 중앙사당의 기단을 두 마리의 큰 뱀이 감씨고 있다.

　지금은 물이 말라버린 큰 연못 속에 직경 250m의 섬이 있고 그 섬 안에 직경 70m의 중앙연못이 있다. 그 중심에 있는 7층의 둥근 기단 위에 중앙사당이 서 있다. 중앙연못의 주위에 동서남북으로 물·흙·불·바람을 상징하는 십자형의 직경 25m의 4개의 작은 연못이 있다. 각 연못에 각각 효능이 다른 약초물이 차있었다. 그 물로 몸을 씻으면 만병이 나았다고 한다. 4개의 작은 연못에는 사람, 말, 사자, 코끼리의 얼굴조각상이 장식돼있으며 입에서 성수가 흘러나왔다.

관세음보살의 화신
신마 바라하 석상

중앙연못의 기단의 동쪽 옆에 앞다리가 잘려나가고 머리가 반밖에 없는 말 모양의 돌조각 신마상神馬像이 하늘로 뛰어오르려는 모습으로 안치돼있다. 물에 빠져 죽지 않기 위해 18명의 상인이 신마의 머리와 다리에 필사적으로 매달려 있는 모습이 새겨져 있다. 이것은 스리랑카의 건국신화 「발라하Balaha 전설」을 표현한 것이다.

　전설에 따르면 옛날 인도에 심할라Simhala라는 관세음보살을 신앙하는 거상이 있었다. 그는 소상인들과 함께 배를 타고 해외로 나갔다가 폭풍을 만나 배가 난파하여 외딴 섬에 표착했다. 그는 그 섬에 사는 미녀와 결혼했다. 그러나 그 미녀가 식인종인 붉은 악마 락샤사Rakshasa 1)라는 것을 알게 됐다. 그러자 그길로 도망친 그는 해변에 있던 신마 발라하의 도움을 받아 상인들과 함께 구제됐다는 이야기다. 이것은 석가의 전생을 묘사한 본생담本生談(자카타)에 있는 불교설화로 그 신마 발라하는 그가 신앙하고 있던 관세음보살의 화신이었다고 한다.

---

1)　밤에 출몰하는 신과 인간에 적대적인 악마. 락슈미(Lakshm). 비슈누의 신비, 미와 행운의 여신. 불교의 길상천(吉祥天).

사람, 코끼리, 사자, 말의 얼굴 조자상 서편

유적을 휘감고 있는 나무뿌리-타 프롬

위기의 문화유산
타 프롬

거목에 휘감겨 있는 자연모습 그대로의 유적

앙코르 톰의 승리의 문을 나와 동남쪽으로 3㎞쯤 떨어진 동바라이 근처에 불교 가람 유적 타 프롬Ta Prohm이 있다. 타 프롬이란 '브라흐마 신의 조상'이라는 뜻이다.

안젤리나 졸리가 주연한 얀 드봉 감독의 액션 판타지 영화 「툼 레이더」에서 신비의 가람으로 나왔던 유적이다. 타 프롬은 앙코르 유적 여행에서 앙코르 와트와 더불어 가장 기억에 남는 유적이다. 이 유적은 규모가 매우 크다. 더욱이 1860년에 재발견됐을 때 밀림 속에 방치돼있던 모습 그대로 거대한 나무뿌리가 유적을 휘감고 있다. 마치 자연과 인간이 어울려 창조해낸 설치미술작품 같다. 돌담, 가람 벽, 지붕의 사이사이로 파고들어간 나무뿌리가 자라면서 유적을 파괴하고 있다. 그런가하면 굵은 나무뿌리가 오히려 유적을 지탱해 주고도 있다. 거대한 나무뿌리 사이로 부처의 얼굴이 엿보인다.

유적은 원래의 모습으로 수복하는 것이 원칙이다. 그런데 이 유

절묘하게 조화를 이루고 있는
가람과 나무뿌리

적만은 수복하지 않고 발견 당시의 모습 그대로 유지하고 있다. 나무뿌리와 유적이 절묘하게 조화를 이루어 독특한 신비적인 분위기를 더해준다.

거대한 불교 가람 유적

타 프롬은 동서 1,000m, 남북 600m의 넓은 부지에 서 있는 거대한 불교 가람 유적이다. 앙코르 왕국은 모계중심사회였던 탓이어서 그런지, 왕의 어머니를 위해 지은 이 가람은 그 후에 왕의 아버지를 기리기 위해 세운 불교 가람 프리아 칸보다 더 크다.

가람이 클 뿐만 아니라 구조도 매우 복잡하다. 평지형에 거대한
나무뿌리가 뒤엉켜있는 3중회랑이 둘러싸고 있고 그 중앙에 9개의
탑이 서 있다. 그 밖에 가람 내에는 39개의 탑, 돌로 만든 565개의
사당, 벽돌로 만든 286개의 작은 사당이 있다.

작은 사당 중에서 '통곡의 방'이 한국 관광객들 사이에서 유명하
다. 자야바르만 7세가 병에 걸렸다는 사실을 알게 된 왕의 어머니
가 통곡을 했다는 방이다. 이 방안에서 아무리 소리를 질러도 소리
가 울리지 않는다. 그런데 스스로의 가슴을 치면 소리가 울리는데
그 소리가 클수록 한이 많은 사람이라고 한다.

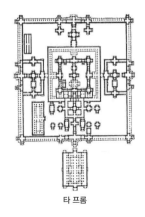

타 프롬

나무뿌리 사이로 보이는 불상
–타 프롬

회랑의 네 모퉁이에 탑문이 있다. 입구인 동탑문에 앙코르 톰의
남대문처럼 사면불탑이 조각돼있다. 동탑문의 서쪽 파풍에 붓다의
생애를 담은 돋새김이 장식돼있다. 싯달타^{悉達多} 태자가 출가하기 위
해 카필라 성을 떠나는 모습이다.

전성기에 승려와 사용인까지 1만 2천 명 이상이 거주했다는 도
시 같이 큰 가람이다. 주변 마을에 8만 명이 넘는 주민들이 가람을
위해 봉사했다고 한다. 이 가람은 5톤의 순금을 포함하여 각종 보
석이 헤아릴 수 없이 많은 보물전^{寶物殿}이었다. 지금은 보석이 박혀 있
던 자리에 구멍만 남아있다.

자야바르만 7세가 건립

이 불교 가람은 1186년에 자야바르만 7세가 어머니 반야바라밀다^{般若}
波羅蜜多를 위해 건립했다. 반야는 '부처의 어머니佛母', 바라밀다는 '피안
의 세계에 도달한 상태'로 반야바라밀다는 불교에서 이승의 번뇌에
서 벗어나 해탈하여 열반의 세계에 도달한 상태를 가리킨다.

  이 가람은 후에 불교 수도승을 교육시키는 승원僧院이 됐다가 왕
이 죽은 뒤에 힌두교 가람으로 바뀌었다. 수백 년 동안 방치돼온 탓
으로 가람은 거의 파괴되었다. 300년을 훌쩍 넘는 가쥬마르榕樹, 캄
보디아어로 스펑나무Spung tree라고 불리는 열대수목의 흰 뿌리가 큰

뱀처럼 유적을 휘어 감고 있다.

나무뿌리가 유적을 파괴했지만, 지금은 파괴돼가는 유적을 보호하고 지탱해주고 있다. 천년 가까이 된 가람 유적이 자연과 잘 어울려있어 신비로움을 더해준다. 이 유적은 자연에 의해 파괴되고 있는 위기의 문화유산危機文化遺産이다.

크리스탈 가람 타 케우

앙코르 톰의 승리의 문을 나와 동 바라이 쪽으로 조금 가면 프리아 칸 유적과 타 프롬 유적 사이에 거대한 힌두교 가람 유적 타 케우 Ta Kev가 있다. 타 케우는 '크리스탈 노인'이라는 뜻이다. 타는 '노인', 케우는 '크리스탈'을 뜻한다.

미완성의 힌두교 가람
유적 타 케우

이 가람은 10세기 말, 제9대 왕 라젠드라바르만 2세 때 착공했다. 그런데 11세기 초에 제10대 왕 자야바르만 5세가 갑자기 죽어 공사가 중단돼 미완성 상태로 방치된 채 남아있다. 여성처럼 아담한 가람 반티아이 스레이를 건립한 라젠드라바르만 2세가 이와는 대조적으로 웅대하고 남성적인 가람을 건립하려했던 것이다.

이 가람은 라테라이트 벽돌을 전혀 사용하지 않고 가람 전체를 녹색 사암으로 건축했다. 짓다 말았기 때문에 가람에 장식이 없다.

둘레 담 안의 5층 기단 위에 큰 중앙사당과 4개의 작은 사당이 서 있다. 중앙사당의 높이가 20m나 되는 피라미드형 가람이다. 중앙사당으로 올라가는 계단이 매우 가파르다. 동쪽 정면 입구에 시바 신이 타고 다닌 난디상이 안치돼있다.

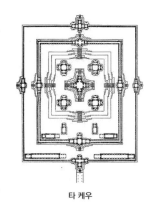

타 케우

타 케우 유적의
가파른 계단

BANTEAY SREI

동양의 모나리자 유적

앙드레 말로의 밀반출로 더 유명해진 데바타 상

반티아이
스레이 유적

동양의 모나리자가 반겨주는 유적

'**동**양의 모나리자'로 유명한 데바타 상이 반겨주는 반티아이 스레이, 작지만 앙코르 유적 중 가장 아담하고 건축미·조형미·조각미가 뛰어난 힌두교 가람, 가람 전체가 붉은 사암으로 만들어 앙코르의 주옥^{珠玉}이라는 사랑스러운 별명이 붙어있는 반티아이 스레이-.

시엠립의 북동쪽으로 35㎞, 성산 프놈 쿨렌의 서쪽 산자락의 밀림에 아담한 힌두교 가람 유적 반티아이 스레이^{Banteay Srei}가 매혹적인 자태로 고즈넉이 앉아있다. 앙코르 유적 중에서 앙코르 와트와 바이욘, 타 프롬과 함께 꼭 봐야할 관광명소다.

힌두교 스님이 건립

이 가람은 제9대 왕 라젠드라바르만 2세때 착공하여 967년, 제10대 왕 자야바르만 5세때 완공했다. 앙코르의 가람들은 왕권을 과시하

링가가 나열돼있는 참배 길

동양의 모나리자 유적

기 위해 왕들이 직접 건립했다. 그런데 이 가람만은 왕족 출신의 힌두교의 고승으로 왕의 스승이었던 야즈나바라하^{Yajnavaraha}가 건립했다. 이 유적도 15세기 초에 앙코르 왕국이 무너지면서 사라져 밀림에 묻혀 있다가 1914년에 프랑스인에 의해 재발견됐다.

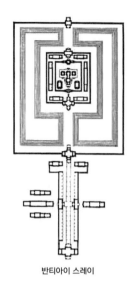

반티아이 스레이

1923년 프랑스의 대문호이며 드골 정부 때 문화부장관을 지낸 앙드레 말로가 '동양의 모나리자'라고 불리는 이곳 데바타 상에 매혹돼 밀반출하려다가 체포됐다. 그는 이때 체험을 기초로 캄보디아의 밀림에서 크메르 문명의 유적을 찾아다니는 모험을 주제로 한 소설 『왕도로 가는 길』을 집필했다. 이 책은 왕도로 가는 길에 묻혀 있는 유적을 찾기 위해 떠나는 두 남자의 이야기이다. 이것이 반티아이 스레이를 더 유명하게 만들었다.

반티아이 스레이로 가는 도중에 야자나무가 무성한 농촌마을, 원두막식의 소박한 농가, 풀을 뜯고 있는 물소들, 물놀이 하는 아이들, 삼모작을 할 수 있는 논밭, 일손이 바쁜 농민 등 전형적인 캄보디아의 농촌모습을 엿볼 수 있다.

여인의 성 · 슈리의 성

이 가람의 원래 이름은 '위대한 군주'를 뜻하는 트리브바나마헤스바라^{Tribhuvanamahesvara}이었다. 그러나 귀여운 여인처럼 유적이 아담하고 아름다워 여인의 성^{Citadel of Women}을 뜻하는 반티아이 스레이로 불리게 됐다.

시바 신의 상징 링가(남성 성기 상징)

반티아이 스레이는 '슈리의 성'이라고도 불린다. 여신 슈리는 힌두교의 최고신 비슈누의 신비^{神妃}로 힌두신화에 등장하는 미와 행운의 여신 락슈미의 다른 이름이다. 연꽃 위에 아름다운 모습으로 앉아 있는 여신으로 복과 덕을 가져다준다.

여신 슈리는 힌두교의 가람 입구에 많이 장식돼있다. 반티아이 스레이에도 여신 슈리의 모습이 입구탑문의 박공(처마 밑의 삼각형 벽)에 장식돼있다.

앙코르 시대의 석조 건축물은 모두 희색 사암으로 지었다. 그러나 이 가람만은 붉은색 사암으로 지어 유적 전체가 붉은 장미꽃처럼 아름답다. 더욱이 가람이 동서로 배치돼있어 해 뜰 무렵과 해 질 무렵에 가람 전체가 붉게 타오르는 불꽃처럼 보인다. 사당의 벽과 박공은 힌두신화 그리고 고대 인도의 대서사시 「마하바라타」과 「라마야나」을 발췌한 돋새김으로 장식돼있다. 돋새김이 너무나 정교하고 아름답게 새겨져 있어 볼수록 탄성이 절로 난다.

반티아이 스레이 전경

가람의 구조

반티아이 스레이는 전체 둘레가 400m밖에 안 되는 직사각형의 작은 가람 유적이다. 구조도 매우 단순하다. 가람의 중앙에 3개의 사당과 2개의 도서관이 서 있고 그 주위를 3중으로 둘레 담이 에워싸고 있다.

가람 입구 동탑문을 들어서면 첫째 둘레 담의 탑문까지 붉은 라테라이트로 된 참배 길이 곧게 뻗어있다. 그 길이가 70m나 된다. 참배 길은 안으로 들어갈수록 높아지고 좁아진다. 참배 길가에 시바 신을 상징하는 링가가 돌기둥처럼 나란히 서 있다. 동탑 문의 파풍은 메루 산에 거주하는 신들의 왕인 인드라 신이 장식돼있고 탑문의 기둥에 크메르 문자가 새겨져 있다.

벽을 장식한
산스크리트어 문자

반티아이 스레이 중앙사당

링가의 받침대 요니
(여성 성기 상징)

링가는 '남성의 생식기'를 뜻하는 산스크리트어로 다산풍요와 번영을 나타내는 시바 신의 상징이다. 남근모양의 돌기둥 링가는 윗부분은 원통형, 중간부분은 팔각형, 아랫부분은 사각형을 이루어 우주의 모습을 나타내고 있다. 이 링가는 여인의 생식기를 상징하는 받침대 요니Yoni 위에 결합돼있는데 원통형 부분에 무카링가Mukhalinga라고 해서 시바 신의 얼굴을 새긴 것도 있다. 힌두교도들은 아름다운 꽃과 깨끗한 물, 햇볕에 말린 쌀을 바치며 링가를 숭배한다.

힌두교의 전설에 따르면 링가는 하늘에서부터 거대한 불기둥이 돼 지상에 떨어졌다고 한다. 비슈누 신은 8각형, 브라흐마 신은 4각형이 돼 땅 속에 묻혀있고 원통형의 시바 신의 불기둥부분만이 지상에 솟아있다.

반신반수의 원숭이가
지키고 있는 중앙사당

참배 길 끝에 붉은 사암으로 된 둘레 담이 가람을 3중으로 둘러싸고 있다. 그 길이가 첫째 둘레 담은 동서 95m에 남북 110m, 둘째 둘레 담은 동서 38m에 남북 42m, 셋째 둘레 담은 동서 24m에 남북 24m이나.

첫째와 둘째 둘레 담 사이에 연꽃이 곱게 핀 연못이 있다. 우기에는 우주의 바다에 비치는 메루 산처럼 가람이 연못에 아름답게 반사된다. 셋째 둘레 담의 탑문을 지나 안으로 들어서면 중앙사당의 전실前室이 나오고 그 좌우에 도서관이 있다.

기단 위에 라테라이트와 붉은 사암으로 지은 높이 10m의 중앙사당이 서 있다. 입구에 반신반수의 모양을 한 사자와 원숭이의 좌상이 지키고 있고 그 곁에 남사당과 북사당이 서 있다. 중앙사당과 남사당에는 시바 신의 링가, 북사당에 비슈누 신상이 안치돼있다.

반신반수의 원숭이상

데바타 상
-반티아이 스레이 남사당

칸다바 숲의 불을 끄고 있는 인드라 신

반티아이 스레이의 벽장식

20

앙코르의 보물-힌두신화의 전시장

반티아이 스레이의 탑문, 사당, 도서관의 벽을 장식하고 있는 돋새김은 앙코르의 보물이다. 돋새김 하나하나가 예술적 가치가 높고 조형미가 뛰어나며 세련되고 정교하게 새겨져 있어 크메르 예술의 극치를 이룬다.

더욱이 건물이 높지 않아 가까이에서 돋새김을 볼 수 있고 천년이 넘었는데도 보존이 잘돼있는 것이 큰 매력이다.

동양의 모나리자 데바타 상

반티아이 스레이를 장식하고 있는 돋새김 중에서 데바타 상이 가장 매력이 있다. 붉은 사암 벽에 새겨져있는 데바타 상은 살포시 머금고 있는 신비로운 미소가 모나리자의 미소를 닮았다 해서 '동양의 모나리자'라고 불린다.

앙코르 유적 전체에 2천 체가 넘는 데바타 상이 있다. 그중에서 가

탑문의 돋새김

장 우아하고 아름다운 것이 이곳 반티아이 스레이의 데바타 상이다. 돋새김이 너무나 예뻐 인간이 새겼다고 믿기 어려울 정도다. 데바타 는 하늘세계에 사는 천녀들이지만, 그 모습은 당시의 크메르 여인들 을 새긴 것이다. 똑바로 선 자세에 살짝 굽은 허리곡선이 매력적이다.

중앙사당의 벽에 수호신 드바라팔라 상이 장식돼있고 남사당과 북사당 벽의 4면에 각각 2체씩 모두 16체의 데바타 상이 장식돼있 다. 그중 북사당의 동남 모퉁이에 장식돼있는 데바타 상이 앙드레 말로가 밀반출하려고 했던 '동양의 모나리자'라고 불리는 가장 매 혹적인 데바타 상이다. 높이 65㎝의 이 데바타 상은 두 손에 연꽃을

들고 있고 한 손은 아래로 내리고 다른 손은 가슴에 올려놓고 있다.

　여신상의 최대의 특징은 허리를 약간 굽힌 요염한 자태, 육감적인 두터운 입술, 수줍음을 띠고 있는 얼굴이다. 허리에 걸친 옷이 떨어지지 않게 해주고 있는 넓은 장신구가 돋보인다.

탑문과 남·북 도서관의 돋새김

둘째 둘레 담의 서탑문의 파풍에 「마하바라타」이야기가 담겨있었으나 지금은 프놈펜의 캄보디아 국립박물관에서 전시되고 있다. 이것은 앙코르 와트 제1회랑의 대벽화에도 나오는 「마하바라타」이야

원숭이 형제 수그리바와
바린의 싸움
-「라마야나」신화

기의 하이라이트인 쿠루크쉐트라의 전투장면을 담고 있다. 셋째 둘
레 담의 정문 동탑문의 파풍에 위풍당당하게 앉아있는 시바 신이
돌새김 돼있다돼있다.

셋째 둘레 담의 안으로 들어서면 북도서관의 동쪽과 서쪽 파풍
에 크리슈나 여신이 돌새김 돼있다. 동쪽 파풍의 위쪽에 3개의 머
리를 가진 흰 코끼리 아이라바타를 타고 있는 인드라 신이 손에 번
개를 들고 큰 비를 내리고 있다. 그 아래 숲 속에서 목동들과 동물
들이 비를 맞는 모습이 담겨있다.

   이것은 「마하바라타」의 부속편인 「하리반사」에 나오는 비슈누 신
의 화신 크리슈나 여신의 「브린다반^{Vrindavan} 숲의 큰 비」 이야기를
담은 돋새김이다. 브린다반 숲에 사는 목동들이 인드라 신을 위해
제사를 올리려 했으나 크리슈나 여신의 반대로 중단했다. 이 사실
을 안 인드라 신은 크게 분노하며 검은 구름을 불러와 큰 비를 내
렸다. 그러나 크리슈나 여신이 그 비를 멈추게 하여 홍수를 면했다
는 이야기이다.
   아이라바타는 창세신화에서 우유 바다를 저었을 때 탄생한 코끼

인드라 신이 내린
비를 맞고 즐거워하는
목동과 동물들

리다. 그 밑에 죽음의 신 칼라$^{Kala 1)}$가 새겨져 있다. 이 신은 시바 신
의 말을 잘 들어 사당을 지키는 수위가 됐다는 신으로 눈과 코 구
멍이 크고 입이 귀밑까지 찢어져 있는 괴물 모습을 하고 있다.

크리슈나 여신의 악마 살해-북도서관의 서쪽 파풍

북도서관의 서쪽 파풍에는 크리슈나 여신이 왼손으로 악마 왕 칸

---

1) 죽음의 신, 신전의 수호자로 사원입구를 지키는 괴물. 머리는 사자, 툭 튀어나온
눈이 특징.

사^{Kansa}의 머리채를 휘어잡고 오른 손에 든 칼로 죽이려는 힌두신화가 돋새김 돼있다.

남도서관의 서쪽 파풍에는 히말라야 산 속에 있는 카일라사 산의 꼭대기에서 시바 신이 그의 아내 파르바티 여신을 왼쪽 무릎 위에 앉히고 왼손으로 안고 있는 모습이 돋새김 돼있다. 시바 신은 의술의 신이기도 하기 때문에 그가 타고 다니는 암소 난디의 주변에 병을 고쳐주기를 바라는 환자들이 언제나 모여 있다. 그 옆에 사랑

악마 왕 칸사의
목을 치는 크리슈나

의 신 카마Kama 2)가 시바 신에게 사랑의 활을 쏘는 모습의 돋새김도
있다. 신화에 따르면 카마는 명상을 하고 있는 시바 신에게 사랑의
화살을 쏘았다. 명상을 방해받은 시바 신이 화를 내며 제3의 눈에
서 뿜어낸 불에 카마가 타죽고 만다.

남도서관의 동쪽 파풍에는 시바 신을 찬양하는 돋새김이 장식
돼있다. 파풍의 중앙에 10개의 머리와 20개의 팔과 4개의 다리를

---

2) 사랑의 신, 애욕의 신. 불교의 애염명왕.

가진 악귀나찰^{惡鬼羅刹3)}의 왕 라바나가 시바 신이 살고 있는 카일라
스 산을 흔들어 위협하는 장면과 이를 극복하는 시바 신의 위대한
모습이 돋새김 돼있다.

　크리슈나 여신은 힌두교의 주요 여신 가운데 가장 매력 있는 여
신이며 비슈누 신의 여덟째 화신이다. 여신은 실제로 있었던 인물
이 신으로 승격된 것으로 기원전 7세기에 고대 인도의 마투라 지방
을 지배하면서 백성을 괴롭혀온 악마 왕 칸사를 물리친 영웅이다.

---

3) 사람을 잡아먹는 악귀.

춤추는 시바 신이 돋새김 돼있는 탑문

중앙사당의 돋새김

셋째 둘레 담의 동탑문을 지나면 반티아이 스레이의 중심 중앙사당이 나온다. 중앙사당의 입구탑문의 파풍에도 인드라 신이 돋새김 돼있다. 3개의 머리를 가진 코끼리 위에 앉아 왼손을 높이 든 시바 신이 중앙사당을 지키고 있다.

중앙사당의 벽에는 수문 신 드바라팔라 상, 북사당과 남사당에는 데바타 상이 장식돼있다. 중앙사당의 서쪽 파풍 밑의 린텔에 「라마야나」의 주인공 라마 왕자의 신비 시타가 악마 왕 라바나에게 납치되는 장면, 북쪽 린텔에는 원숭이 왕 수그리바와 바린[Valin 4]의 싸움 장면이 돋새김 돼있다.

둘째 둘레 담의 서탑문의 동쪽 파풍에는 「라마야나」 신화에서 발췌한 원숭이 왕 수그리바와 바린과 싸우는 장면이 돋새김 돼있다. 오른쪽에 활을 쏘는 주인공 라마 왕자와 그 오른쪽 끝에 손을 들고 있는 라마 왕자의 동생 락슈마나가 묘사돼있다. 왼쪽에는 가슴에 화살을 맞고 쓰러져 있는 원숭이 왕 '바린'이다. 이 돋새김은 「라마야나」 신화의 주인공 라마 왕자의 신비 시타가 악마 왕에게 납치되는 장면이다.

---

4) 라마를 도운 원숭이 수그리바의 형. 수그리바에게서 왕위를 빼앗아 원숭이왕국의 왕이 됨.

ROLUOS RUINS

앙코르 초기의 롤루오스 유적

연꽃을 든 여신 데바타 상-롤레이 유적

성산 프놈 쿨렌과 크발 스피앙

21

앙코르 왕국의 발상지 – 성산과 성하

광대한 앙코르 평원에는 높은 산이 없다. 언덕 같은 작은 산이 3개가 있을 뿐이다. 북동쪽에 프놈 쿨렌, 중앙에 프놈, 남쪽에 프놈 크롬-.

이 중 시엠립에서 50㎞ 떨어진 북동쪽 끝에 있는 길이 30㎞, 폭 5㎞, 높이 460m의 산이 프놈 쿨렌이다. 앙코르 왕국의 발상지다. 이 산속에 성하 시엠립 강의 발원지 크발 스피앙^{Kbal Spean}이 있다.

그 못미처 산기슭에 아담한 힌두교 가람 반티아이 스레이가 자리하고 그 남쪽 일대가 앙코르 왕국의 최초의 도성 하리하랄라야가 있었던 지금의 롤루오스 지역이다.

신이 강림하는 성산 프놈 쿨렌

프놈 쿨렌은 작은 산이다. 그렇지만 앙코르 평원에서는 가장 높다. 크메르인들은 이 산을 힌두교의 성산 메루 산, 여기서 발원되는 시

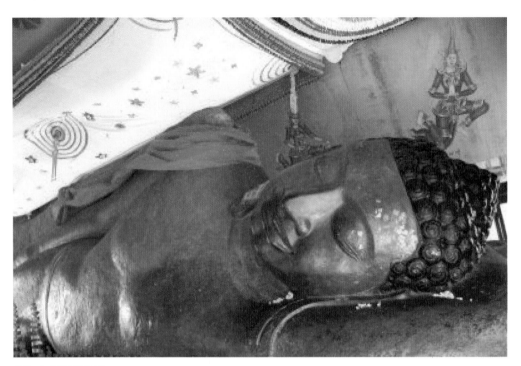

성산 프놈 쿨렌 정상에 있는
거대한 열반불

엡립 강을 인도의 성하 갠지스 강이라고 믿었다.

지금은 프놈 쿨렌 국립공원이 돼있다. 프놈 쿨렌의 산꼭대기 일
대에 많은 힌두교와 불교의 가람들이 있어 일 년 내내 두 종교의 순
례자들의 발길이 끊이지 않는다.

이 산의 가람들 중에서 가장 유명한 것이 프리아 앙 토^{Preah Ang Toh}
이다. 앙 토란 '잠든 부처'를 뜻한다. 16세기, 높이 9.4m의 거대한 자
연암벽을 깎아 만든 거대한 열반불^{巨大涅槃佛}이 진리를 깨닫고 열반에
든 부처의 모습으로 비스듬히 누워있다.

산꼭대기의 광장에 4개의 팔을 가진 하리하라 Harihara[1] 신이 서 있다. 힌두교의 최고신 비슈누 신과 시바 신을 절반씩 합체한 신이다. 오른 쪽이 시바 신이고 왼쪽이 비슈누 신이다. 이 신의 얼굴에 시바 신의 이마에 있는 제삼의 눈이 반만 있다.

수중조각 유적 크발 스피앙

프놈 쿨렌의 서쪽 언덕, 국립공원의 울창한 숲속에 사시사철 맑은 물이 흐르는 작은 개천이 있다. 1.5㎞쯤 개천을 따라 올라가면 작은 폭포가 나온다. 영화 「툼 레이더」에서 안젤리나 졸리가 뛰어내린 쿨렌 폭포다. 이곳은 성하 시엠립 강의 발원지이며 수중유적으로 유명한 크발 스피앙이 있다.

11세기, 성역인 이곳에 고대 인도의 대서사시 「마하바라타」에 나오는 「강가의 전설」을 물속에 재현해놓았다. 크발은 '하천', 스피앙은 '바닥', 합쳐서 크발 스피앙은 '하천의 원류源流'를 뜻하며 '강가(갠지스 강) 여신의 개천'이라고도 불린다.

길이 150m의 개천바닥과 주위의 바위에 힌두신화에 등장하는 신들이 조각되어 물속에 잠겨있다.

프놈 쿨렌 폭포(위)와
누워있는 비슈누 신(아래)
-크발 스피앙 수중 유적

----

1) 인도 신화의 시바 신과 비슈누 신의 합체신(合体神).

링가와 요니
-크발 스피앙 수중 유적

연꽃 모양의 좌대蓮華坐에 앉아있는 브라흐마 신, 황소 난디를 타고 있는 시바 신, 그의 신비 우마 여신, 영원의 뱀 신 아난타^{Ananta 2)} 위에 비스듬히 누워 쉬고 있는 비슈누 신, 그의 신비 락슈미 여신, 비슈누 신의 화신 라마 왕자와 원숭이 장군 하누만 등.

뿐만 아니라 이 개천의 바닥에 한 변이 2m나 되는 여인의 성기를 상징하는 정사각형의 요니 속에 1천체가 넘는 남근을 상징하는 링가가 새겨져 있어 '천체의 링가 천'이라고도 불린다. 맑은 물이 흐

___

2) 우주의 바다에 있는 뱀, 영원한 존재, 비슈누가 잠자는 동안 그의 현신으로 나타남.

르는 개천바닥에 떠있는 사암조각들이 성스럽고 신비롭게 보인다.

프놈 쿨렌의 서쪽에 시엠립 강의 발원지에서 솟아난 물이 신들의 조각 위를 흐르면서 성수가 된다. 그 성수가 모여 시엠립 강이 돼 앙코르 유적이 밀집해 있는 앙코르 대평원을 지나 톤레삽 호수로 흘러들어간다.

크발 스피앙은 11세기 중엽, 제14대 왕 우다야디티야바르만 2세가 조성했다. 왕은 그 밖에도 힌두교 가람 바푸온과 서 메본을 건립했다.

벽돌로 만든 프리아 코의 중앙사당

롤루오스 유적

22

앙코르 왕국 초기의 힌두교 가람 유적

시엠립에서 국도 6호선을 따라 남동쪽으로 13㎞쯤 가면 롤루오스 지역 Roluos Ruins에 이른다. 지금은 작은 농촌이지만, 이곳이 앙코르 왕국의 최초의 도성 하리하랄라야였던 곳으로 왕국 초기의 유적들이 남아 있다.

하리하랄라야라는 이름은 힌두교의 신으로 시바 신과 비슈누 신이 반씩 합체된 하리하라 신의 이름에서 유래됐다. 하리 Hari 는 '비슈누 신', 하라 Hara 는 '시바 신'을 가리키며 알라야 Alaya 는 '기억한다'는 뜻이다. 하리하랄라야는 '언제나 하리하라 신을 기억하고 있는 곳'이라는 뜻으로 시바 신과 비슈누 신을 함께 모신 성스러운 도성을 가리킨다.

앙코르 왕국 초기 유적
프리아 코

위대한 왕 인드라바르만 1세

제3대 왕 인드라바르만 1세⁽⁸⁷⁷⁻⁸⁸⁹⁾는 왕에 오르자 바로 도성 하리하
랄라야의 동쪽에 큰 바라이 인드라타타카^{Indratataka}를 건설했다. 동
서 8㎞, 남북 3㎞의 앙코르 왕국 최초의 바라이다. 타타카란 산스
크리트어로 '신성한 호수聖池'를 뜻한다. 바라이는 우기에 홍수를 방
지하고 물을 저장했다가 건기에 저장된 물을 논밭에 공급했다. 이
러한 치수관리는 앙코르 왕국 번영의 기반이 됐다.

인드라타타카에서 흘러나오는 물은 바콩이나 프리아 코 가람을
둘러싸고 있는 둘레 호수에 들어갔다가 다시 흘러나와 근처의 논밭

에 공급됐다. 인드라바르만 1세는 바라이 외에 힌두교 가람 프리아 코와 바콩을 건립했다.

앙코르 시대에 롤루오스 지역에 100여 개의 힌두교의 가람이 있었다. 지금은 잉코르에서 가장 오래된 힌두교 가람 유적 프리아 코, 인드라타타카의 중앙에 있는 수상가람 롤레이, 호수의 남쪽에 있는 왕도 하리하랄라야의 중앙에 세운 힌두교 가람 바콩만이 남아 있다. 이들 유적은 앙코르 와트보다 200년 먼저 건립된 앙코르 초기의 유적이라 규모가 작고 보존상태가 좋지 않다.

가장 오래된 힌두교 가람 유적 프리아 코

879년, 조상을 매우 중요하게 여긴 인드라바르만 1세는 영묘가람 프리아 코를 건립했다. 앙코르 유적 중에서 가장 오래된 힌두교 가람 유적이다. 프리아 코는 크메르어로 '성스러운 소'를 뜻한다. 그래서 이 가람을 성우사聖牛寺라고도 부른다. 성우 난디는 힌두교의 시바 신이 타고 다닌 등에 뿔이 난 황소로 네발동물의 수호신이다.

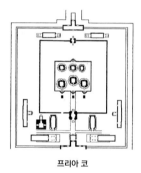

프리아 코

프리아 코는 동서기축 위에 가람이 좌우대칭으로 배치돼있으며 정면이 동쪽을 향하고 있다. 거의 부서진 둘레 담의 동탑문을 지나 안으로 참배 길을 따라 들어가면 기단 위에 3개의 사당이 두 줄로 6개가 서 있다.

왕은 사당에 신격화 된 조상들을 모셨다. 중앙사당에 인드라바르만 1세의 할아버지 파라메슈바라Paramesvara, 왼쪽 사당에 외할아버지, 오른쪽 사당에 아버지 그리고 뒷줄의 세 사당에 그들의 아내들을 모셨다.

성스러운 소 조각 상

　사당 앞의 3층 계단에 반인반수의 사자상(심하상)이 안치돼있다.
사자상이 바닥에 엉덩이를 대고 앉아있는 것이 특징이다. 계단정
면에 사당을 마주보고 3마리의 성우 난디상이 무릎을 꿇고 앉아
있다.

　각 사당의 벽에 새겨져 있는 돋새김이 매우 아름답다. 앞쪽의
세 사당에는 남자 수호 신 드바라팔라 상, 그 뒤쪽의 세 사당에는
아름다운 데바타 상이 장식돼있다. 가람의 뒤에 인드라바르만 1세
의 왕궁이 있었으나 지금은 없다.

힌두교 가람 프리아 코의 중앙사당

앙코르 와트의 원형 유적 바콩

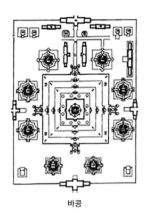

바콩

프리아 코 유적 곁에 881년에 인드라바르만 1세가 건립하여 시바 신에게 바친 힌두교 가람 바콩이 서 있다. 앙코르 왕국의 도읍지 하리하랄라야의 중심에 세운 장대한 국가가람이다. 동서 900m, 남북 700m의 부지에 높이 15m의 둘레 담에 에워싸여 있는 성채 같은 가람이다. 원래 벽돌로 지었던 중앙사당을 12세기 초에 사암으로 바꾸었다.

이 가람은 사암으로 지은 앙코르 시대의 최초의 피라미드형 가람이다. 그 후에 탄생한 앙코르 와트의 본보기가 됐다. 힌두교의 성산 메루 산을 본 뜬 것이다.

동쪽으로 들어가면 신의 세계와 지상의 속세를 잇는 참배 길이

뻗어있다. 참배 길의 난간을 장식하고 있는 7개의 머리를 가진 거대한 뱀 신 나가는 앙코르 유적 최초의 나가 난간이다.

3중으로 둘러싼 라테라이트로 된 둘레 담 안에 5층으로 된 기단이 있고 그 위에 붉은 사암으로 지은 중앙사당이 서 있다. 높이가 65m로 앙코르 와트의 중앙사당과 같으며 힌두교의 성산 메루 산을 상징한다. 기단은 1층은 나가, 2층은 가루다, 3층은 락샤사, 4층은 약사Yaksa, 5층은 신들과 왕의 세계를 상징한다.

나가는 뱀 모양을 한 물의 신으로 사당의 수호신이다. 원래 인간은 나가로 태어났다가 인간이 되었다고 한다. 가루다는 비슈누 신이 타고 다니는 독수리 모양의 성스러운 새(신조神鳥)로 금색 날개를 갖고 있으며 나가의 천적이다. 우리나라에서는 불교에서 금시조金翅鳥라

앙코르 왕국 초기의
피라미드형 가람 유적 바콩

바콩의 데바타 상

고 부른다. 락샤사는 초능력을 가진 거인 모양의 마귀다. 약사는 불
교의 염라대왕으로 지옥의 마귀다. 기단의 벽에 6명의 아수라가 싸
우는 돋새김이 새겨져 있다.

기단을 에워싸고 있는 둘레 담 사이에 벽돌로 만든 8개의 작은
사당이 서 있다. 그중 동쪽의 두 사당이 매우 아름답다. 둘레 담에
는 도깨비 모양을 한 죽음의 신 칼라가 장식돼있고 중앙사당에는
링가가 안치돼있다. 붉은 라테라이트로 세운 중앙사당의 벽에 장식
돼있는 데바타 상이 매우 아름답다.

힌두교 가람 롤레이의 중앙사당

롤레이 중앙사당 벽의
가짜문과 조각상

최초의 수상가람 유적 롤레이

프리아 코 유적의 북쪽, 앙코르 왕국의 최초의 바라이 인드라타타카에 떠있는 인조 섬에 앙코르 최초의 수상가람 유적 롤레이Lolei가 있다. 893년, 제4대 왕 야소바르만 1세가 아버지 왕 인드라바르만 1세와 조상들을 기리기 위해 건립한 힌두교 가람이다.

지금은 바라이에 물이 말라버려 호수의 흔적을 찾아볼 수 없다. 당시에는 배로 가람까지 가야했지만, 지금은 차로 갈 수 있다.

붉은 라테라이트로 만든 기단 위에 4개의 사당이 서 있다. 2중으로 된 둘레 담에 둘러싸여 있는 사당은 작은 벽돌을 쌓아 만든 전

창을 든 수문신 드라바팔라 상
-롤레이 유적

탑塔이다. 사당 안에 죽은 후에 시바 신이 된 야소바르만 1세의 부
모와 조부모의 석상이 안치돼있었다. 4체의 석상 중의 하나가 프놈
펜의 캄보디아 국립박물관에 전시되고 있다.

　사당의 동쪽문의 양쪽에 창을 든 수호신 드바라팔라 상과 연꽃
을 든 데바타 상이 장식돼있다.

　네 사당의 중앙에 링가가 안치돼있고 링가를 중심으로 십자형
으로 수로가 있어 사방으로 성수가 흐르게 돼있다. 이것은 히말라
야의 성스러운 호수와 그 곳에서 흘러나오는 성스러운 4개의 강을
상징한 것이다.

REMOTE RUINS
앙코르 근교 유적

프라삿 톰의 가파른 계단

태국국경 부근의 거대 유적

23

코 케, 프리아 비히어, 반티아이 츠마르 유적

앙코르 지역에 군집해있는 앙코르 와트나 앙코르 톰을 비롯한 많은 유적들 외에 앙코르 근교의 밀림에 수복되지 못한 채 방치돼있는 유적들이 많다.

대표적인 앙코르 근교 유적^{Remote Temples}으로 7세기 초, 첸라 왕국의 왕도였던 도성 유적 삼보르 프레이 쿡, 10세기 초, 잠시 앙코르 왕국의 왕도였던 환상의 유적 코 케, '동쪽 앙코르'이라고 불리는 유적 벵 밀리아, 태국국경 근처에 있는 불교 가람 유적 반티아이 츠마르, 거대한 성채도성^{城砦都城} 유적 대 프리아 칸이 있다.

잊혀있던 왕도 유적 코 케

앙코르의 북동쪽으로 120㎞, 북 캄보디아의 깊은 밀림 속에 잠시 앙코르 왕국의 왕도였던 코 케 유적이 잠들고 있다. 코 케로 가는 도로 상태가 나빠서 가는 데만 3시간 넘게 걸린다.

프라삿 톰의 작은 탑

246 앙코르 근교 유적

프라삿 톰의 거대한 링가

 코 케 유적은 이 지방의 영주였다가 왕권을 찬탈하여 앙코르 왕국의 왕이 된 제7대 왕 자야바르만 4세가 928년에 도성을 조성하여 앙코르에서 천도해온 왕도 유적이다.

 코 케는 자야바르만 4세가 죽은 뒤 944년, 제9대 왕 라젠드라바르만 2세가 왕도를 다시 앙코르로 옮겨갈 때까지 16년 동안 번성했던 환상의 왕도 유적이다.

 '앙코르 유적의 보물섬'이라고 불릴 만큼 이곳에 30개가 넘는 많은 가람 유적들이 수복되지 못한 채 남아있다. 뿐만 아니라 코케 남쪽의 성역城域이었던 밀림 속에 100개가 넘는 가람 유적이 방치돼있다.

태국국경 부근의 거대 유적 247

미수복된 코 케 유적의 돌들

코케 유적의 정문 동탑문을 들어서면 높이 4m의 얼굴이 5개에 팔이 8개의 '춤추는 시바 신상'이 있었으나 캄보디아 내란 때 폭파 돼버렸다. 동탑문에서 길게 뻗어있는 참배 길 끝이 작은 사당들이 많이 있는 성역이다. 몇 개의 탑문을 지나 안으로 들어가면 코 케에 서 가장 인상적인 유적 프라삿 톰^{Prasat Thom}이 나온다. 멕시코의 마 야문명의 유적을 연상시킨다.

프라삿 톰은 높이 35m의 작은 산 위에 있는 7층의 피라미드형의 거대한 가람 유적이다. '전설의 7층 피라미드'라고 불린다. 힌두교의 성스러운 코끼리 난디상, 가람에 부속된 작은 탑에 서 있는 거대

프라삿 톰

한 링가가 유명하다.

프라샷 톰의 꼭대기에서 본 주변의 경관이 수려하다. 밀림 넘어 멀리 성산 프놈 쿨렌이 보인다. 그 밖에 '웅크린 코끼리의 가람'이라고 불리는 프라샷 담레이^{Prasat Damrei} 유석이 유명하다.

천공의 유적 프리아 비히어

코 케 유적에서 서쪽으로 1시간 반 정도 가면 태국 국경 가까이에 앙코르 유적 다음으로 세계문화 유산으로 지정된 프리아 비히어 Preah Vihear 유적이 자리한다. 하늘에 떠있는 가람처럼 보인다 해서 천공天空의 유적이라고 불리는 이 가람유적은 설계, 장식, 주위 환경과의 조화가 완벽하여 2008년에 세계문화유산으로 지정됐다. 프리아 비히어는 크메르어로 '신성한 가람'이라는 뜻이다.

세계문화유산
-프리아 비히어 유적

11세기 전반에 수리야바르만 1세가 건립하고 12세기 전반에 수리야바르만 2세가 증축하여 시바 신에게 바친 힌두교 가람 유적이다. 이 가람 유적은 세계의 중심인 메루 산과 동일시 돼 성지로서 숭배되고 있는 높이 525m의 당렉 산맥의 정상에 자리하고 있다.

프리아 비히어는 앙코르 시대의 유적은 모두 가람이 동서로 배치돼있다. 그런데 이 가람만은 남북으로 배치돼있다. 가람은 4계층으로 나뉘어 있다. 길이 800m의 참배 길에 5개의 탑문이 있다. 제3탑문에는 시바 신과 아르주나Arjuna가 싸우는 장면이 돋새김 돼있다. 입구인 북쪽 참배 길에는 7개의 머리를 가진 거대한 나가 난간이 있다. 2층 가람에는 우유바다 젓기의 신화가 장식돼있다.

천수관음상
–반티아이 츠마르의 서회랑

제2의 앙코르 와트 반티아이 츠마르

앙코르 와트의 북서로 110㎞, 태국 국경 부근의 밀림 속에 불교 가람 유적 반티아이 츠마르가 있다. 13세기 초, 자야바르만 7세가 시암족의 침입을 막기 위해 선조한 방위서점 겸 가람이나.

반티아이 츠마르는 앙코르 유적의 프리아 칸 가람과 그 규모가 비슷하다. 가람은 거의 파괴되고 회랑의 일부만 남아있다. 가람을 둘레 3㎞, 폭 65m의 둘레 호수가 에워싸고 있고 유적의 동쪽에 큰 바라이가 있다. 입구의 탑문과 중앙사당 가까이에 사면불탑들이 있고 바깥둘레 담에 22개의 관세음보살상이 장식돼있다.

회랑은 거의 파괴됐지만, 일부 벽에 참파군과의 전투모습과 왕궁 내의 생활모습이 돋새김 돼있다. 서쪽 회랑에 장식돼있는 11면과 12면 두체의 천수관음보살상千手觀音菩薩像이 유명하다. 입구 탑문 위에 사면불탑이 장식돼있고, 참배 길에 신과 아수라가 우유바다를 젓는 장면이 장식돼있다.

반티아이 츠마르 유적

벵 밀리아 유적 입구

그 밖의 근교
거대 유적

24

벵 밀리아, 삼보르 프레이 쿡, 대 프리아칸

시엠립에서 동쪽으로 50km, 코 케와 대 프리아 칸 유적으로 가는 분기점에 벵 밀리아 유적이 밀림 속에 황폐한 상태로 방치돼있다. 그 밖에 근교유적으로 삼보르 프레이 쿡, 대 프리아칸이 있다.

환상의 유적 벵 밀리아

거대한 힌두교 가람 유적 벵 밀리아Beng Mealea, 벵은 '연못', 밀리아는 '꽃다발', 벵 밀리아는 '꽃다발의 연못'을 뜻한다. 가람이 앙코르 와트만큼 커서 '프라켓 밀리아'라고도 불린다. 프라켓은 '테라스'를 가리킨다. 앙코르 와트보다 20년 앞선 12세기 초, 앙코르 와트를 건립한 수리야바르만 2세가 건립했다.

　벵 밀리아 유적은 대부분이 숲에 덮여있다. 더욱이 타 프롬처럼 유적이 거대한 나무뿌리와 담쟁이덩굴에 얽혀있어 매우 환상적이다.

동쪽에 보존상태가 매우 좋은 뱀 신 나가 난간으로 장식된 참배 길이 일직선으로 길게 뻗어있다. 그 길이가 400m나 된다. 롤루오스 유적의 바콩 가람의 난간과 같은 양식이다. 참배 길 끝에서 계단을 올라가면 제2회랑이 나온다. 그곳에 무너진 돌덩어리가 산을 이루고 있다. 거대한 나무뿌리와 줄기가 유적을 휘감고 있다. 그 중심에 사당이 있었으나 지금은 거의 무너져 버렸다. 가람의 구조가 앙코르 와트와 비슷하여 동쪽 앙코르 와트라고 불린다. 물이 없는 폭 45m, 둘레 4km의 호수에 에워싸여 있고 그 안에 3중회랑과 십자회랑 그리고 중앙사당이 서 있다. 중앙사당이 앙코르 와트는 사각형인데 뱅 밀리아는 둥글다. 사당의 파풍에 힌두신화「라마야나」에서 라마 왕자의 신비 시타가 불속에 몸을 던지는 장면이 돋새김돼있다. 이 가람은 피라미드형이 아니고 높낮이가 없는 평면형이다.

미수복된 채 뒹굴고 있는 돌들
-뱅 밀리아 유적

앙코르 시대 이전의 유적 삼보르 프레이 쿡

시엠립의 남동쪽으로 140㎞, 킬링필드의 주역인 폴 포트의 출생지인 콤퐁 톰Kompong Thom에서 북쪽으로 34㎞ 떨어진 밀림에 삼보르 프레이 쿡유적이 있다. 7세기 무렵, 젠라 왕국의 왕도에 건조된 가람 유적으로 캄보디아에서 가장 오래된 크메르 유적이다. 삼보르는 '많다', 프레이 쿡은 '밀림'이라는 뜻이다.

한 변 길이 1,600m의 흙 담으로 둘러싸여 있는 이 유적은 프라삿 삼보르, 프라삿 타오, 프라삿 예이 포운의 세 구역으로 나뉘어있다.

북쪽에 있는 프라삿 삼보르Prasat Sambor는 2중 흙 담에 둘러싸여 있고 그 가운데 벽돌로 된 중앙사당이 있다. 중앙사당의 모퉁이에 4개의 작은 사당이 서 있다. 과거에는 그 주위를 황금으로 만든 링가가 둘러싸고 있었다.

이곳에서 발굴된 사람 몸에 말 머리를 가진 조각은 현재 파리 기메 미술관의 크메르 예술관에서 전시되고 있다. 서쪽에 '사자의 가람'이라고 불리는 프라삿 타오^{Prasat Tao}가 있다.

가람이 2중 흙 담으로 둘러싸여 있고 그 안의 높은 기단위에 중앙사당이 서 있다. 기단으로 올라가는 계단 입구의 좌우에 한 쌍의 사자 상하가 지키고 있다.

그 남쪽에 프라삿 예이 포운^{Prasat Yeai Poeum}이 있다. 「라마야나」 신화가 새겨져 있는 2중 흙 담 안에 시바 신에게 바친 중앙사당이 서 있다. 중앙사당 안에 웃는 시바 신을 상징하는 황금 링가, 중앙사당 앞에 시바 신이 타고 다니는 성우 난디상이 안치돼있다. 안쪽과 바깥쪽 흙 담 안에 5개의 팔각형 탑과 8개의 작은 탑이 서 있다. 탑에 유명한 조각 「하늘을 나는 궁전」이 아름답게 장식돼있다.

삼보르 프레이 쿡 유적
-앙코르 왕국 이전시대의 유적

거대 유적 대 프리아 칸

시엠립에서 동남쪽으로 약 120㎞, 지금의 캄퐁 톰^{Kampong Thom}에 앙코르 와트보다 4배나 더 큰 대 프리아 칸^{Great Preah Khan} 유적이 있다. 캄퐁 톰은 앙고르 왕 국의 숙적 참파군의 침공에 대비하여 건설한 방위거점이었다. 11세기 전반, 수리야바르만 1세 때 착공하여 12세기 후반, 자야바르만 7세 때 완공된 불교 가람이다.

이곳에 2중의 호수와 3중의 담에 둘러싸여 있는 중앙사당이 남아있다. 같은 이름의 유적이 앙코르에 있기 때문에 현지에서는 '바칸 가람^{Prasat Baken}'이라고 부른다.

끝맺는 말

지난 겨울 앙코르를 다시 다녀왔다. 세 번째 여행이다. 3년 만에 다시 갔는데 유적은 별로 달라진 것이 없고 앙코르 유적의 관광거점인 시엠립이 크게 변모해있었다. 호텔을 비롯하여 관광시설이 많이 늘어 작은 전원도시가 커지고 관광도시다운 면모를 갖추고 있었다. 그러나 시내를 다니고 유적지를 오가는 데는 아직도 대중교통이 없고 '툭툭'이라 불리는 바이크택시를 이용해야 했다.

관광시즌이 되면 인천에서 앙코르 유적의 관광거점인 시엠립까지 저가항공까지 포함해서 하루에 서너 편의 직항편이 운항하고 있어 매우 편리해졌다. 최근에 한국인 관광객이 크게 늘고 있다. 몇 년 전만해도 일본인 관광객이 가장 많았다. 지금은 중국인 관광객이 가장 많고 그 다음으로 한국인 관광객이다. 아이들까지 동반하는 가족여행객이 많았다. 시엠립에 한국식당이 100여 군데가 된다고 한다.

앙코르 유적 여행은 사라진 제국 앙코르 왕국의 종교미술에 대한 관광이다. 이러한 문화 관광은 아는 것만큼 보이고 보이는 것만큼 느끼게 된다. 특히 앙코르의 사원은 크고 작은 차이는 있지만, 모두가 힌두교의 우주관에서 세계의 중심이라는 신들이 산다는 메루 산^(불교애서의 수미 산)과 천상의 궁전을 지상에 재현 해놓은 것이다.

그러기 때문에 인도 전래된 종교인 힌두교나 불교 특히 힌두신화에 관한 기본지식을 갖고 보아야만 더욱 의의가 있다. 그렇지 않으면 숲 속에 묻혀있는 수없이 많은 이끼 낀 돌무더기만 보게 된다. 앙코르 여행은 갔다는 것이 중요한 것이 아니라 어떻게 보았느냐가 중요하다. 앙코르는 힌두교에 대한 기초지식 없이는 아니 가기만 못한 여행지이다.

앙코르로 가는 길은 조용하고 아름답고 평탄한 숲길이다. 흔히 아는 밀림 속이 아니라 숲 속에 앙코르 유적이 자리 잡고 있다.

앙코르의 수호신인 뱀 신 나가^{Naga}가 맞아주는 앙코르 와트나 신과 악마가 함께 맞아주는 앙코르 톰의 입구 문을 들어서는 순간 신의 세계에 발을 들여 놓게 되며 그 때부터 신의 세계와 신화가 만든 문명 속에서 보내게 된다. 이 것이 바로 앙코르 유적의 특징이며 매력이다. 앙코르 유적의 관광은 모두가 가니까 가보는 단순한 구경거리라기 보다는 훨씬 많은 것을 느끼게 하는 여행이 될 것이다.

이젠 나이 탓에 다리가 불편해서 이번 여행을 소기의 목적을 이루기에는 다소 아쉬운 여행이었다. 그렇지만 함께 여행하게 된 수원에서 온 가족여행객과 현지 한국인 안내원의 도움으로 그런대로 사진도 찍고 자료도 모을 수 있었다. 이 자리를 빌어 참으로 고마웠다는 인사를 전한다. 퇴직 후에 바람따라 흐르는 구름처럼 여기저기 많은 곳을 카메라 메고 혼자서 다녔지만, 이젠 끝낼 때가 가까워진 것 같다.

앙코르는 사람은 죽어도 영원히 죽는 것이 아니라 다음 세상에 새로운 존재가 되어 환생한다는 힌두교의 사생관死生觀이 무척 매력 있게 느껴져 몇 번이고 더 가고 싶은 유적지다.

항상 기꺼이 책을 발행해주신 도서출판 기파랑의 안병훈 사장과 책이 나오기까지 많은 도움을 주신 조양욱 주간 , 그리고 책이 발행되도록 끝까지 챙겨준 박은혜 과장과 북 디자이너 김정환 선생에게 거듭 감사드린다.

2015년 12월, 화곡禾谷에서
또 한해를 보내면서 이태원

APPENDIX

부록

앙코르 여행 길잡이

지금의 캄보디아

국명 : 캄보디아 왕국 Kingdom of Cambodia

국기 : 흰색의 앙코르 와트 그림이 있는 파랑 빨강
파랑의 3색기

수도 : 프놈펜 Phnom Penh (인구 150만 명)

위치 : 동남아의 인도차이나 반도에 위치(베트남,
라오스, 태국과 접경)

정체 : 입헌군주국

면적 : 181,035 ㎢ (한반도의 80%)

인구 : 1,514만 명(2015년 기준)

인종 : 캄보디아인 그 밖에 중국인, 베트남인, 참족.

언어 : 크메르어, 불어(50대 이상), 영어(청년층)

종교 : 소승불교 95%, 그 밖에 힌두교

국내 총생산 : 178억 달러(2015년 기준)

주요 생산품 : 쌀, 어류, 목재, 면직, 고무

경제 성장률 : 6.7%(2010년 기준)

여행정보

시차 : 한국보다 2시간 늦음

기후 : 열대몬순 기후(5월–11월 우기, 11월–4월 건기.
연평균 기온은 27℃)

전압 : 220V, 50 Hz

화폐 : 리엘(USDKHR)

화폐단위 : 리안 Riel (1US$ = 3,700Riel)

지폐 : 100, 200, 500, 1천, 2천, 5천, 1만, 2만, 5만,
10만.

식수 : 수돗물 식수 불가. 미네랄워터만 식수 가능

주요 관광지

롤루오스 유적 관광 : 프놈 쿨렌, 크발 스피앙,
프리아 코, 바콩, 롤레이, 반티아이 스레이.

앙코르 와트 유적 관광 : 앙코르 와트, 프놈 바켕.

앙코르 톰 유적 관광 : 남대문, 바이욘, 바푸온,
피메아나카스, 코끼리 테라스, 문둥이 왕 테라스.

동·서 바라이 주변 유적 관광 : 동·서 메본, 타
프롬, 프리아 칸, 닉 펜, 타 솜, 타 케우, 프레 룹,
스라 스랑.

앙코르 근교 유적 관광 : 삼보르 프레이 쿡, 코 케,
반티아이 츠마르, 벵 밀리아, 대 프리아 칸, 프리아
비히어

역사 연대기

주요 앙코르 유적

	유적	창건 연대	창건 왕	종교	특징
			7세기		
1	삼보르 프레이 쿡			힌두교	도성
			9세기		
2	하리하랄라야	877년		힌두교	도성
3	프리아 코	879년	인드라바르만 1세	힌두교	가람-6탑-평지형
4	바콩	881년			가람-1탑-평지형
5	롤레이	893년	야소바르만 1세	힌두교	수상가람-4탑-평지형
			10세기		
6	프놈 바켕	900년 무렵		힌두교	가람-5탑-피라미드형
7	프놈 크롬	900년 무렵	야쇼바르만 1세		
8	동 바라이	900년 무렵			인조 호수
9	프라삿 크라반	921년	하르샤바르만 1세	힌두교	가람-5탑-평지형
10	코 케	942년	자야바르만 4세		도성
11	동 메본	952년			수상가람-5탑-피라미드형
12	프레 룹	961년	라젠드라바르만 2세	힌두교	가람-5탑-피라미드형
13	반티아이 스레이	967년			가람-3탑-평지형
			11세기		
14	타 케우	978년 이후	자야바르만 5세	힌두교	가람-5탑-피라미드형
15	피메아나카스	11세기 초	수리야바르만 1세	힌두교	가람-1탑-피라미드형
16	대 프리아 칸			힌두교	가람
17	서 바라이	1020년			인조 호수
18	바푸온	1060년무렵	우다야디티바르만 2세	힌두교	가람-1탑-피라미드형
19	크발 스피앙	11세기중엽			수중유적

		12세기			
20	앙코르 와트	1150년			가람-5탑-피라미드형
21	반티아이 삼레	12세기중엽	수리야바르만 2세	힌두교	가람-1탑-평지형
22	벵 밀리아	12세기 초			가람-1탑-피라미드형
23	타 프롬	1186년			가람-1탑-평지형
24	프리아 칸	1191년			가람-1탑-평지형
25	스라 스랑	12세기 말			인조 호수
26	코끼리 테라스	12세기 말	자야바르만 7세	불교	광장
27	문둥이왕 테라스	12세기 말			광장
28	닉 펜	12세기 말			가람-1탑-평지형
29	타 솜	12세기 말			가람-1탑-평지형
		13세기			
30	앙코르 톰	13세기 초			도성
31	바이욘	13세기 초	자야바르만 7세	불교	가람-1탑-피라미드형
32	반티아이 크데이	13세기 초			가람-5탑-평지형
33	반티아이 츠마르	13세기 초			가람-1탑-평지형

트리무르티^(Trimūrti·삼주신) : '세 가지 형태 혹은 세 가지 형상'이라는 의미로 힌두교의 삼신(三神)인 브라흐마, 시바, 비슈누의 삼위일체(三位一體)를 뜻한다.

브라흐마^(Brahmā) : 창조의 신, 불교의 범천(梵天). 뜻은 자아(自我). 생각으로 모든 만물을 창조. 몸은 붉은 색이고 머리가 4개이다. 원래는 머리가 5개였으나 무례하게 말을 했다는 이유로 시바의 셋째 눈에서 나온 불길로 하나가 불타버렸다.

힌두교 신화에 따르면 브라흐마는 낮에 43억 2천만 년 동안 지속되는 우주를 창조했다고 한다^(현재까지 과학계에서 밝힌 지구의 나이와 매우 비슷한 것도 흥미로운 점이다). 밤이 되어 브라흐마가 잠이 들면 우주는 그의 몸으로 흡수되는데 이러한 과정은 브라흐마의 생애가 끝날 때까지 반복되고 최종적으로는 우주가 불, 물, 공간, 바람, 흙의 다섯 가지 요소로 해체된다고 한다. 브라흐마는 세상을 만들면서 인간의 조상이라고 하는 열한 명의 프라자파티를 만들었다. 그들은 각각 마리치^(Marichi), 아트리^(Atri), 아기라사^(Angirasa), 풀라스티아^(Pulastya), 풀라하^(Pulaha), 크라투^(Kratu), 바시쉬타

(Vasishtha), 프라체타스(Prachetas, 다크샤(Daksha)라도도 함),
브리그(Bhrigu), 나라다(Narada)라고 불린다. 브라흐마
는 그를 도와 우주를 만드는 데 함께할 사프타리
쉬(Saptarishi)라 불리는 일곱의 현자도 만들었다. 이
들 모두는 그의 몸에서가 아니라 정신에서 태어났
다고 하며 이 때문에 정신적 자식이라는 의미의 마
나스 푸트라스라 불린다.

비슈누(Viṣṇu): 보호, 섭리의 신. 뜻은 '충만한 자'. 우
주의 유지를 관장하는 신이다. 악을 제거하고 정의
를 회복하기 위해 여러 가지 형태로 지상에 나타난
다. 비슈누는 일반적으로 검푸른 피부에 왕과 같
은 옷을 걸친 젊은 남자로 묘사된다. 흔히 네 개
의 팔을 가진 것으로 묘사되며 각 손에는 소라 고
동, 원반, 곤봉, 연꽃을 들고 있다. 태양의 새 가루
다를 타고 다닌다.

시바(Śiva) : 파괴자 또는 변형자. 시바파의 최고신,
불경의 대자재천(大自在天 Maheśvara). 뜻은 '취소하는 존
재 또는 제거하는 존재'. 마하데비의 남편이다. 고
대의 성전에는 그 이름이 나오지 않으며 루드라라

는 신이 나온다. 4개의 팔, 4개의 얼굴, 3개의 눈이
있다. 미간에 있는 제3의 눈은 일체의 피조물을 움
츠러들게 하는 불타는 빛을 낸다. 호랑이 가죽을
입고 뱀을 목에 두르고 있는데, 이 두 가지 장신구
는 시바가 자신을 질투한 리시나 현자들이 자객으
로 보낸 두 동물을 물리치고 얻은 것이다. 사랑의
신 카마는 시바가 파르바티를 사랑하게 만들기 위
해 사랑의 화살을 쏘았다. 그러나 꽃의 화살이 목
표에 이르러 명상에 빠진 시바를 깨웠다. 제3의 눈
에서 분노의 섬광이 나와 카마는 불에 타서 재가
되었다. 시바는 카마를 마야의 아들 푸라듐나로
환생시켰다. 시바가 다크샤가 비슈누에게 희생제
를 바치면서 자신을 초대하지 않자 화가 나서 의식
을 방해하고 참석자들에게 수모를 주었다. 인드라
는 납작하게 두들겨맞고, 야마는 지팡이가 부러졌
으며, 사라스바티는 코를 잃고, 미트라는 눈을 잃
고, 푸샨은 미트라의 빠진 눈에 얻어맞고 비리구
는 수염을 뜯겼다. 기타 신들과 리시들도 마찬가지
였다. 시바의 불타는 삼지창이 희생제를 엉망진창

271

으로 만들고 비슈누의 가슴에 큰 충격을 주고 떨어졌다. 그 후로 비슈누와 시바 간에 분란이 계속되다가 브라흐마의 중재로 수습되었다. 브라흐마는 루드라로 현현한 시바를 설득하여 나라야라로 현현한 비슈누를 위로하였다. 시바는 다크샤의 사죄를 받고서야 모든 것을 원래대로 되돌렸다. 히말라야의 카일라사 산에 산다.

가네샤(Ganesha) : 지혜의 신이며 역경을 이기게 하는 신이다. 가네샤는 시바와 파르바티의 아들이며 쥐를 타고 있거나 쥐를 거느리고 있는 작은 배불뚝이로 표현되기도 한다. 코끼리 모양의 머리와 뚱뚱한 인간의 몸 그리고 4개의 팔로 그려진다. 통상 시바의 헝클어진 머리 속에 작은 모습으로 나타난다.

데바(Deva) : 부처의 자비를 보여 주는 선신이다. 여성신을 데바타(Devata)라고 한다.

라마(Rama) : 기원전 6세기경 발미키(Valmiki)가 저작한 대서사시 「라마야나」의 주인공. 다사라타의 아들이다. 비슈누의 화신. 카우살리아가 비슈누가 준 감로의 반을 마시고 낳았다. 하늘의 무기를 받고

비스와미트라의 격려를 받아 여나찰 타라카를 죽였다. 그 후 비데하의 왕 자나카의 왕궁으로 가서 갔다. 자나카는 시타라는 예쁜 딸이 있었는데, 한때 시바가 가지고 있는 활을 당겨서 구부릴 수 있는 자에게 딸을 시집보내겠다고 했다. 라마는 활을 당겨 부숴버렸다. 라마는 시타와 결혼하고, 그의 형제들도 그녀의 자매와 결혼했다. 라마가 후계자로 정해질 때가 되자 바라타의 어머니 카이케이는 다사라타 왕을 꾀어 바라타를 왕으로 세우고 라마에게 14년간의 추방령을 내리게 했다. 라마는 단다카 숲속에 들어가 살았다. 바라타는 왕위를 사퇴하고 라마에게 돌아오도록 권유했으나 라마는 추방령이 다 마치기를 고집하면서 바라타에게 섭정을 하라고 했다. 그 동안 라마는 락샤사의 영역인 판차바티로 옮겨가서 살았다. 락샤사의 왕 라바나는 시타에게 반해 그녀를 납치하였다. 라마는 아내를 찾으러 가는 길에 괴물 카반다를 죽였다. 카반다의 혼령은 원숭이의 왕 수그리바에게 도움을 청하라고 가르쳐주었다. 라마는 수그리

바와 원숭이 장군 하누만의 도움으로 라마세투를
건너 스리랑카로 건너가 라바나를 죽이고 시타를
구했다. 라마는 시타가 부정하다는 의심을 품었
다. 시타가 결백을 주장하자 대지가 입을 열어 그
녀의 결백을 증언하고 시타를 삼켜버렸다. 라마는
시타를 쫓아가느라 사라유 강 속으로 걸어 들어
갔다.

수리아^(Sūrya) : '지고한 빛'이라는 뜻을 가진 태양
신이다. 금으로 된 머리와 팔을 지니고 있으며 일
곱 마리의 말 또는 일곱 머리를 가진 한마리 말이
이끄는 전차를 타고 하늘을 난다. 시바파의 교의
에서 수리야는 시바 신의 여덟 모습 중 하나이다.

아그니^(Agni) : 불의 신. 「리그 베다」에 나오는 3명
의 주요한 신 중 하나. 브라흐마가 창조한 연꽃에
서 태어났다. 희생제에 사용되는 기름을 핥기 위
해 7개의 혀와 2개의 얼굴을 가지고 있다. 아그니
는 불사를 주는 자 또는 사후에 죄를 정화해 주
는 자로서 신들과 인간의 매개자였다. 아그니는 많
은 공양물을 삼키느라고 정력을 하였다가 크리슈

나와 아르주나의 도움으로 칸다바 숲을 삼킴으로
써 힘을 회복했다.

인드라^(Indra) : 하늘의 신이자 번개의 신. 중국에서
는 제석천. 보통 2마리의 붉은 말이 끄는 황금전
차를 타고 있는 것으로 묘사되지만 가끔 코끼리를
타고 있기도 하다. 가뭄을 가져오는 뱀 브리트라
를 벼락으로 죽였다. 한때 현자 고타마의 아내 아
할리아를 유혹했었다. 고타마는 격분하여 인드라
에게 여성의 성기를 닮은 천 개의 표지를 새겼다.
그 표지는 나중에 눈으로 변했다. 락샤사의 왕 라
바나에게 져서 포로가 되었다가 브라흐마의 명령
으로 풀려났다.

크리슈나^(Krishna) : 힌두교의 영웅. 비슈누는 세상의
악을 몰아내고 정의를 회복하기 위해 지상에 여러
가지 형태의 권화로 부활한다. 그의 권화는 가장
많을 때는 22종이나 되는데, 신·성인·영웅으로부
터 불타까지도 포함되나 가장 중요한 아바타라는
영웅 크리슈나이다. 비슈누가 자기의 머리에서 검
은 머리와 흰 머리 2개를 뽑아 데바키와 로히니의

273

속에 넣었다. 데바키의 아들이 크리슈나였다. 마투라의 왕 칸사는 데바키의 아들이 자신을 죽일 것이라는 말을 듣고 데바키가 아들을 낳으면 죽이려고 하였다. 데바키는 크리슈나를 목동 난다의 딸과 맞바꾸었다. 크리슈나는 시골에서 자라면서 여러 모험을 했다. 칼리야를 죽이고, 간다르바 왕의 딸을 유괴하고, 하늘을 나는 도시 사우바를 파괴하고 불신의 아그니로부터 원반을 얻었다. 소젖을 짜던 라다와 결혼하고 마투라로 돌아와 왕위찬탈자 칸사를 죽였다. 판다바와 카우라바 족의 전쟁에서 골육상쟁을 앞두고 고뇌하는 아르주나에게 전쟁의 필연성을 설교했다. 이것을 모은 것이 바가바드기타이다. 크리슈나는 판다바와 카우라바 양쪽과 인척관계에 있었기 때문에 자신은 아르주나의 전차를 직접 몰고, 자신의 군대는 카우라바 진영에 참가했다. 양 진영이 휴전한 후 드즈라카에서 술꾼들의 분쟁이 일어났는데, 그때 크리슈나는 사냥꾼 자라스의 활에 맞아 죽었다.

하누만(Hanuman) : 원숭이 신. 바유의 아들. 몸을 마음대로 크거나 작게 만들 수 있었으며 하늘을 날 수도 있었다. 라마가 라바나와 싸울 때 라마를 도왔다. 하누만이 스리랑카로 바다를 넘어 날아갈 때 여자마귀 수라사가 그를 삼키려고 했다. 하누만이 몸을 크게 하자 수라사도 입을 크게 벌렸다. 하누만은 몸을 엄지손가락 정도로 축소시켜 수라사의 머리 속을 지나 오른쪽 귀로 빠져나갔다. 하누만은 라바나의 군대를 쳐부수고 도시를 불태웠다. 라마는 하누만에게 영원한 생명과 젊음을 주어 보답했다.

가야트리(Gāyatri) 학문과 지식의 여신이며 바라흐마의 배우자 여신들 중 하나. 태양에게 바치는 베타 만트라인 갸야트리 만트리가 의인화·인격화 된 여신이다.

사티(Satī): 또는 닥샤야니(Dākshāyani)라 불린다. 결혼생활의 행복과 지속을 관장하는 여신으로 시바의 첫번째 부인이다.

두르가(Durga) : 마하데비의 화신. 뜻은 '접근하기 어려운 존재'. 황색의 아름다운 여전사이며, 18개의

팔에 호랑이를 타고 있다. 한데 합쳐진 신들의 분노에서 솟아나오는 일종의 잠재력으로 나타나는데, 당시에는 무서운 고행에 의해서 무적의 힘을 터득한 괴물적 악마 마히샤가 전제적으로 지배하는 상황이었다.

데비 ^(Devi) : 여신의 뜻, 최고신의 여성적 측면이다. 힌두교에서는 최고신의 여성적 측면이 없다면 의식 또는 식별력에 해당하는 최고신의 남성적 측면은 무력하고 결여된다고 생각한다. 따라서 데비가 있어야 균형을 이루어 우주가 창조된다고 본다. 데비는 본질에 있어 힌두교 모든 여신들의 핵심에 해당한다. 마하데비, 두르가, 사라스와티, 락슈미, 파르바티, 칼리, 마하비드야, 나바두르가, 시타, 라다, 마트리카스 모두 데비의 여러 모습의 신이다.

락슈미 ^(Rakshmie) : 농업과 연꽃의 여신. 길상천(吉祥天). 비슈누의 아내. 연을 밟고 왼손에 연꽃을 들고 있다. 연꽃의 눈을 갖고 연꽃의 색깔을 띠며 연꽃의 옷을 걸친 락슈미는 모성적 자애로움의 상징이며, 풍만한 가슴은 구원과 환희의 변함없는 원천이다.

원래 비슈누에게는 사라스바티, 강가, 락슈미 등 3명의 아내가 있었는데, 비슈누가 그들을 다 다루기가 어려워 사라스바티는 브라흐마에게, 강가는 시바에게 양여하고 락슈미만을 남겨놓았다.

마리암만 ^(Mariamman) : 주로 농촌 지역에서 숭배되고 있는 질병·비·보호의 여신이다. "암만"은 어머니라는 뜻이다.

시타 ^(Sita) : 라마의 아내. 잘 생긴 나찰왕에 납치되었으나 끝까지 정조를 지켜 인도여성의 모범으로 생각되고 있다.

칼리 ^(Kali) : 마하데비의 화신. 검은색, 시간, 죽음의 신을 뜻한다. 주로 누워 있는 시바의 몸 위에 서 있는 모습으로 표현된다. 네 개의 팔에 절단된 팔과 두개골을 목걸이를 걸고 있다.

아수라 ^(阿修羅, Asura) : 악마. 인간과 신의 혼혈인 반신이다. 프라자파티의 자손. 삼면육비(三面六臂)이고 그 중 이비(二臂)는 합장한 형태. 고대 인도의 좋은 신이었으나 후에 제석천과 싸우는 악신이 되었다. 수메루 산의 동굴들과 바다 밑바닥에 산다.

275

찾아보기

277

기파랑耆婆郎은 삼국유사에 수록된 신라시대 향가 **찬기파랑가**讚耆婆郎歌의 주인공입니다.
작자 충담忠談은 달과 시내와 잣나무의 은유를 통해 이상적인 화랑의 모습을 그리고 있습니다.
어두운 구름을 헤치고 나와 세상을 비추는 달의 강인함, 끝간 데 없이 뻗어나간 시냇물의 영원함,
그리고 겨울 찬서리 이겨내고 늘 푸른빛 잃지 않는 잣나무의 불변함은 도서출판 기파랑의 정신입니다.
www.guiparang.com

앙코르의 신비
초판 1쇄 발행일 2016년 1월 27일

지은이 | 이태원
사진 | 이태원
펴낸이 | 안병훈
북디자인 | 김정환

펴낸곳 | 도서출판 기파랑
등록 | 2004년 12월 27일 제300-2004-204호
주소 | 서울시 종로구 대학로8가길56(동숭빌딩) 301호
전화 | 763-8996(편집부) 3288-0077(영업마케팅부)
팩스 | 763-8936
이메일 | info@guiparang.com
ISBN 978-89-6523-849-2 03980

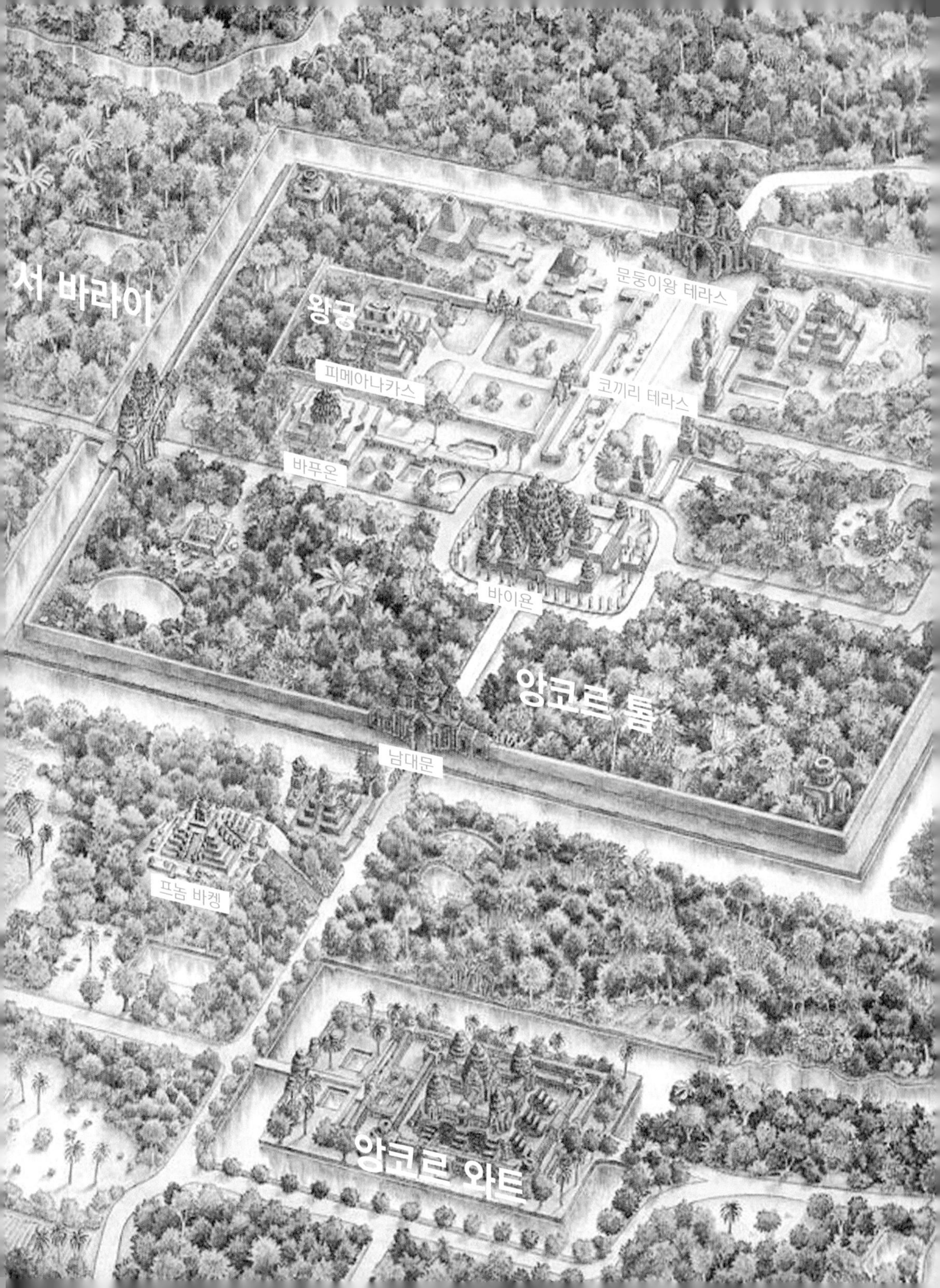

서 바라이

왕궁

문둥이왕 테라스

피메아나카스

코끼리 테라스

바푸온

바이욘

앙코르 톰

남대문

프놈 바켕

앙코르 와트

프리아 칸

닉 펜

개선문

문

타 케우

동 바라이

타 프롬

반티아이 크데이

스라 스랑